金牌育婴师

从入门到精通

扫码看视频

SPM 南方出版传媒
广东科技出版社｜全国优秀出版社
·广　州·

图书在版编目（CIP）数据

金牌育婴师：从入门到精通（扫码看视频）/ 张秀枝主编. —广州：广东科技出版社，2020.8
ISBN 978-7-5359-7462-4

Ⅰ. ①金…　Ⅱ. ①张…　Ⅲ. ①婴幼儿—哺育—职业培训—教材　Ⅳ. ①TS976.31

中国版本图书馆CIP数据核字（2020）第065058号

金牌育婴师：从入门到精通（扫码看视频）
Jinpai Yuyingshi：Cong Rumen Dao Jingtong（Saoma Kan Shipin）

出 版 人：朱文清
责任编辑：曾永琳
装帧设计：友间设计
责任校对：于强强
责任印制：彭海波
出版发行：广东科技出版社
（广州市环市东路水荫路11号　邮政编码：510075）
销售热线：020-37592148 / 37607413
http：//www.gdstp.com.cn
E-mail：gdkjzbb@gdstp.com.cn（编务室）
经　　销：广东新华发行集团股份有限公司
印　　刷：广州市彩源印刷有限公司
（广州市黄埔区百合三路8号201栋　邮政编码：510700）
规　　格：787mm × 1 092mm　1/16　印张7.75　字数160千
版　　次：2020年8月第1版
2020年8月第1次印刷
定　　价：108.00元

编委会

前言

Preface

育婴员是为0～3岁的婴幼儿进行专业化护理与教育，并为家庭养育婴幼儿提供服务和指导的职业技术人员。随着时代的进步和观念的更新，更多的父母越来越重视对婴儿的养护，加之月子中心、婴幼儿游泳馆等母婴保健服务机构不断涌现，育婴员的市场需求越来越大。

本书针对作为育婴员、母婴护理师等职业需要掌握的最基本的操作技能进行强化培训，主要内容包括生活照料、母乳及人工喂养操作技能、提高智能及增强体质训练、疾病照料、气道异物阻塞急救五部分。其内容参考了各类专业教科书进行归纳总结，以期提供专业、实用的指导。书中还详细介绍了目前市场上先进器械（如智能配奶机、乳房加奶器、电动吸乳器、电子体温计等）的使用方法，符合现代育婴员的要求。本书内容简洁明了、严谨专业，方便读者掌握。通过学习，读者可轻松掌握一门实用技术，从而更好地就业为母婴提供专业的服务。此书同时也适合广大新手爸妈学习应用。

本书的操作手法配有视频教学，读者可以通过扫描书中的二维码观看，方便学习及掌握技能。

冯鎏祥

2020年2月

致谢名单

本教材操作手法的拍摄得到以下单位的大力支持，

特别给予衷心的感谢！

广州市越秀区妇幼保健院

广东创世传承投资发展有限公司

广州金夫人 in 爱儿童摄影

广州市青年医务志愿者协会

贝亲管理（上海）有限公司

目录

第一章 生活照料

第二章 母乳及人工喂养操作技能

第三章 提高智能及增强体质训练

第四章 疾病照料

第五章 气道异物阻塞急救

第一章

生活照料

第一节　洗　手

洗手的定义及目的

洗手指医务人员（或操作者）用肥皂（或皂液、洗手液等均可）和流动水洗手，去除手部皮肤污垢、碎屑和部分致病菌的过程。有效的洗手可清除手上99%以上的各种暂居菌，是防止医院感染传播最重要的措施之一。

洗手的目的是清除手部皮肤污垢和大部分暂居菌，切断通过手传播感染的途径。

＊知识链接＊

手部的细菌有两种：常居菌和暂居菌。

常居菌：能从大部分人体皮肤上分离出来的微生物，是皮肤上持久的固有的寄居菌，不易被机械的摩擦清除。如凝固酶阴性葡萄球菌、棒状杆菌类、丙酸菌属、不动杆菌属等。一般情况下不致病。

暂居菌：寄居在皮肤表层，通过常规洗手很容易被清除，直接接触患者或被污染的物体表面时可获得，可随时通过手传播，与医院感染密切相关。

★ 准备

（一）操作者准备

修剪指甲，取下手表、饰物，卷袖过肘。

（二）物品准备

流动水洗手设施、清洁剂、干手设施，必要时备护手液或直接备速干手消毒剂。

★ 操作步骤

（一）准备

打开水龙头，调节合适水流和水温（有条件的调节水温）。

（二）湿手

在流动水下，使双手充分淋湿。

（三）涂剂

关上水龙头，取适量清洁剂（肥皂、皂液或洗手液）均匀涂抹至整个手掌、手背、手指和指缝。

（四）揉搓

认真揉搓双手至少15秒，具体揉搓步骤：

1．掌心相对，手指并拢相互揉搓（图1–1）。

2．掌心对手背沿指缝相互揉搓，双手交换进行（图1–2、图1–3）。

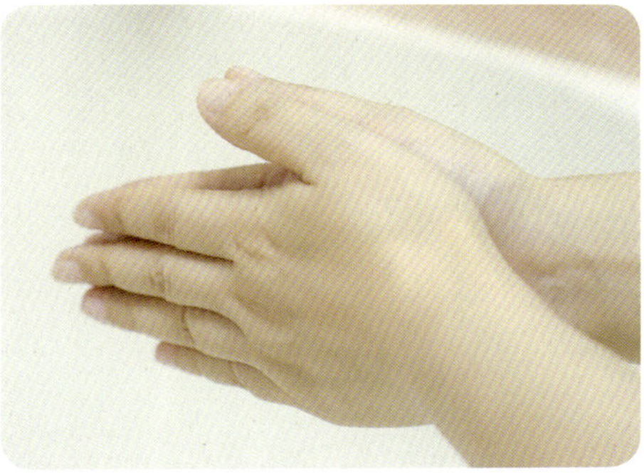

图1–1　步骤1

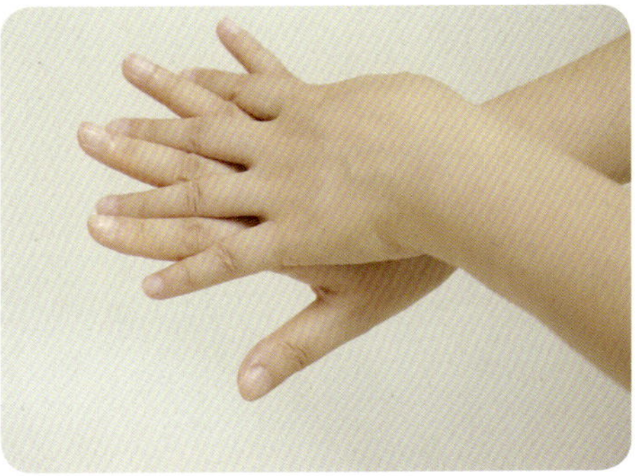

图1–2　步骤2–1

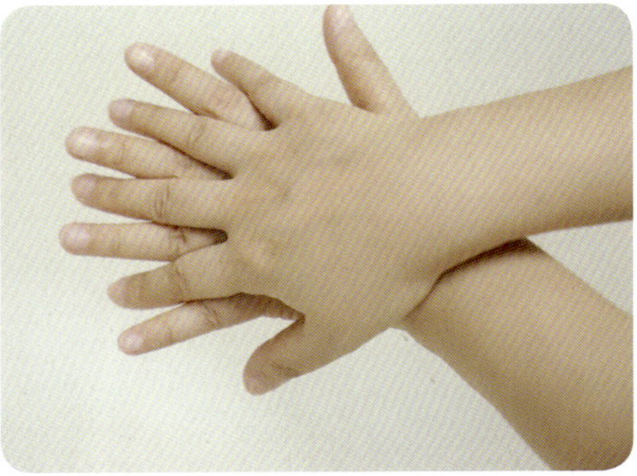

图1–3　步骤2–2

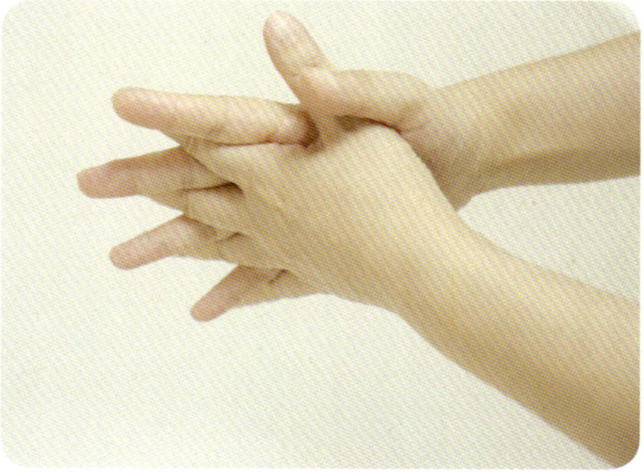
图1-4　步骤3

3. 掌心相对，双手交叉沿指缝相互揉搓（图1-4）。

4. 一手弯曲各手指关节，半握拳把指背放在另一手掌心旋转揉搓，双手交换进行（图1-5、图1-6）。

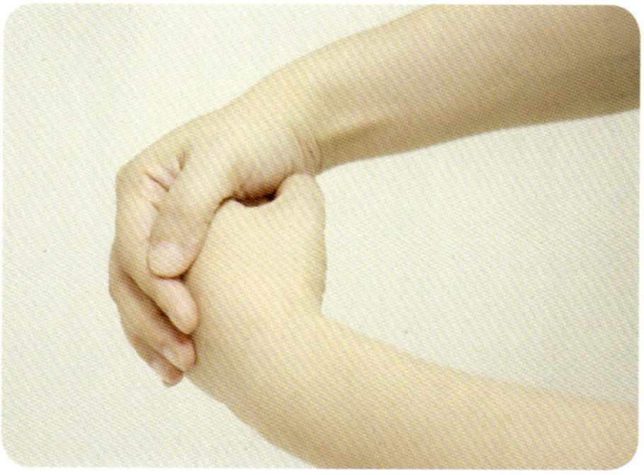
图1-5　步骤4-1

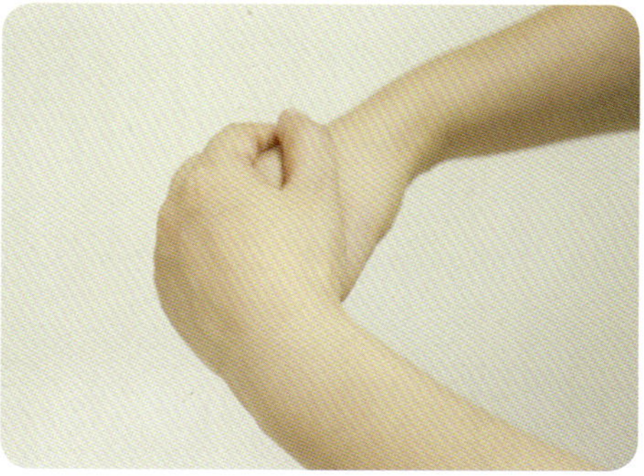
图1-6　步骤4-2

5. 一手握另一手大拇指旋转揉搓，双手交换进行（图1-7、图1-8）。

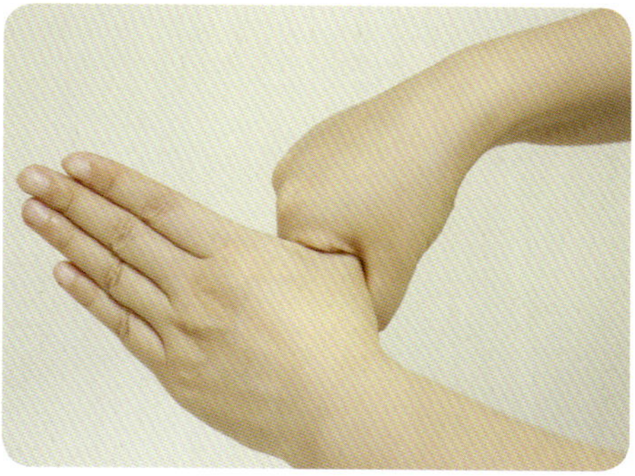
图1-7　步骤5-1

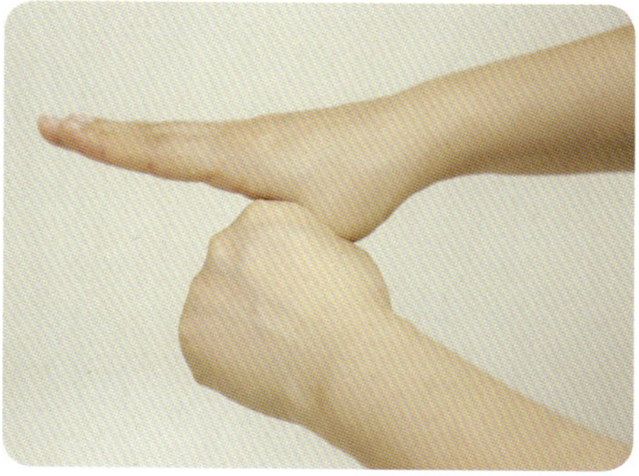
图1-8　步骤5-2

6. 一手5个手指尖并拢在另一掌心中旋转揉搓，双手交换进行（图1-9、图1-10）。

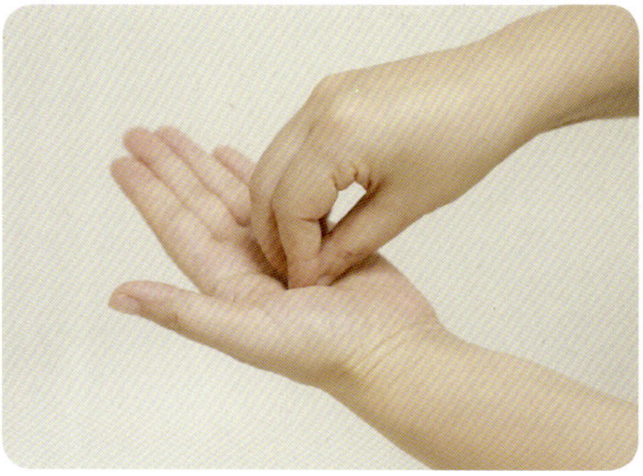

图1-9　步骤6-1

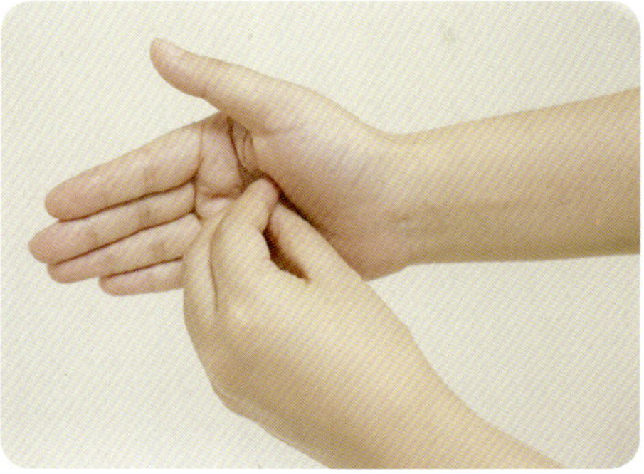

图1-10　步骤6-2

7. 一手握住另一手的手腕，回旋揉搓手腕部至腕上10cm，双手交换进行（图1-11、图1-12）。

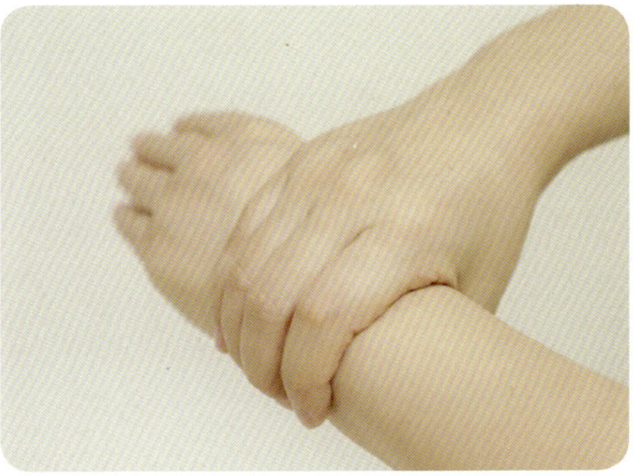

图1-11　步骤7-1

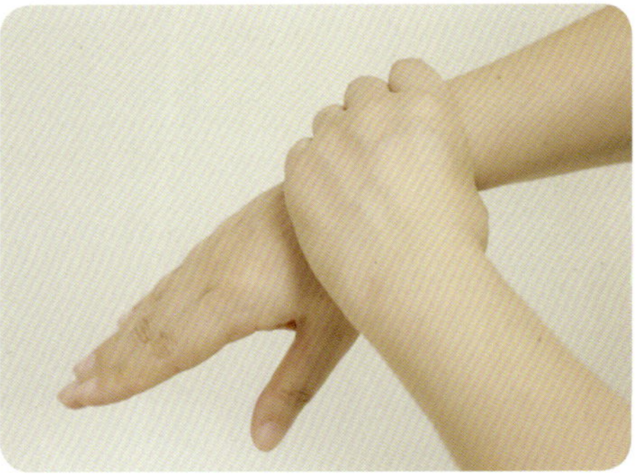

图1-12　步骤7-2

（五）冲净

打开水龙头，在流动水下彻底冲净双手，冲净双手时注意指尖向下。

（六）干手

关闭水龙头，以擦手纸或毛巾擦干双手，或在干手机下烘干双手。必要时取护手液护肤。

注意事项

（一）明确选择洗手方法的原则

1．当手部有血液或其他体液等肉眼可见污染时，应用清洁剂和流动水洗手。

2．当手部没有肉眼可见污染时，可用速干手消毒剂消毒双手代替洗手，揉搓方法与洗手方法相同。

（二）遵循洗手流程，揉搓面面俱到

1．遵照洗手的流程和步骤，调节合适的水温、水流，避免污染周围环境。

2．如水龙头为手触式的，注意随时清洁水龙头开关。

3．揉搓双手时各个部位都须洗到、冲净。

4．尤其要认真清洗指背、指尖、指缝和指关节等易污染部位。冲净双手时注意指尖向下。

（三）牢记洗手时机，掌握洗手指征

1．直接接触母婴身体前后。

2．处理母婴排泄物后。

3．处理母婴药物或配餐前后。

第二节 更换尿布

目的

保持臀部皮肤清洁、干燥、舒适，防止尿液、粪便等对皮肤长时间的刺激，预防尿布皮炎的发生或使原有的尿布皮炎逐步痊愈。

★ 评估和准备

1. 评估婴儿情况，观察臀部皮肤状况。

2. 准备。

（1）物品准备：尿布、尿布桶、护臀霜或鞣酸软膏、平整的操作台，根据需要备小毛巾、小脸盆、温水或湿纸巾。

（2）操作者准备：操作前洗手，不要佩戴首饰。

★ 操作步骤

1. 解开包被，拉高婴儿的上衣，避免被排泄物污湿（如有穿裤子则脱掉或解开裤子）。

2. 解开尿布，将粘贴的纸条拉开贴回原处；一只手抓住婴儿双腿，另一只手用尿片的前半部分较洁净处从前向后擦拭婴儿的会阴部和臀部，并将此部分遮盖尿布的污湿部分后垫于婴儿臀下。

3. 用湿纸巾或蘸温水的小毛巾从前向后擦净臀部皮肤，注意擦净皮肤的皱褶部分，如果臀部皮肤发红，那么用小毛巾和温水清洁，擦干。

4. 将预防尿布炎或治疗尿布炎的软膏类药物涂抹于臀部，注意涂抹

易于接触排泄物或皮肤发红的部位。

5．提起婴儿双腿，抽出脏尿片（注意：提起双腿时避免用力过猛，以免损伤髋关节）。

6．将清洁的尿布垫于腰下，放下婴儿双腿，系好尿布（男婴需将阴茎方向朝下）（图1-13），大小松紧适宜，以能插入两指为宜（图1-14）。新生儿脐带未脱落时，可将尿片前部的上端向下折，保持脐带残端处于暴露状态。

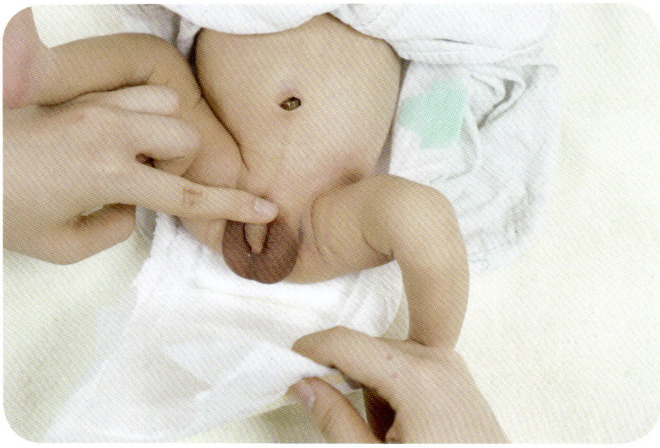

图1-13　阴茎朝下

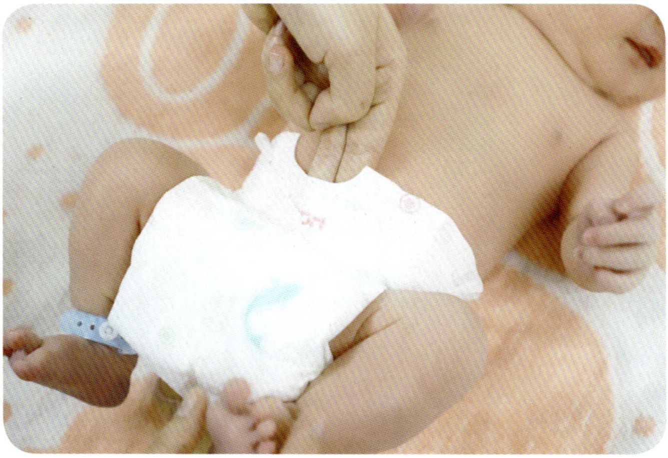

图1-14　以能插入两指为宜

7．拉平衣服，包好包被。

8．观察排泄物性状或根据需要称量尿布（有异常时留取样本待送化验）。

9．清理用物，洗手，整理用物（记录观察内容）。

注意事项

1．用物携带齐全，避免操作过程中离开婴儿。

2．禁止将婴儿单独留在操作台上，始终确保一只手与婴儿接触，防止婴儿翻滚坠落，用物放置合理，避免跨越婴儿头面部，避免有损伤的风险。

3．尿布应透气性好、吸水性强，根据需要可选择一次性尿布或棉质尿布，并应做到勤更换。

4．注意保暖，房间温度应适宜，操作中减少暴露。

5．男婴要确保阴茎指向下方，避免尿液从尿片上方漏出。

6．注意检查尿布是否包扎合适，不可过紧也不可过松，保持婴儿腿部髋关节、膝关节能自由活动。大腿和腰部不能留有明显的缝隙，以免造成排泄物外溢。

第三节　新生儿脐部护理

作用

新生儿脐部护理是防止新生儿脐炎、破伤风、败血症，降低围产儿死亡的关键环节。脐带残端是一个开放的伤口，血流丰富，如处理不当，病菌容易趁机而入，引起全身感染，导致新生儿败血症。因此，保持脐部清洁干燥，是预防和治疗新生儿脐炎最好的方法。

★ 适应范围

1. 从脐带结扎到生后28天内的婴儿。
2. 脐部有红肿、渗血、渗液、异常气味等脐部感染的患儿。

★ 准备

（一）操作者准备

着装整齐，剪指甲，洗手，戴口罩。

（二）环境准备

室温24～28℃为宜，处置台上（或床上）铺好已消毒（清洁）的大毛巾。

（三）物品准备

治疗盘（或托盆）、75%乙醇或0.2%安尔碘、消毒棉签，酌情准备3%过氧化氢溶液（双氧水）、尿布、大毛巾。

★ 操作步骤

1. 除去原有脐带敷料，沐浴完毕，将新生儿平放于处置台上，松解衣物，暴露脐带，注意保暖。

2. 评估脐带情况：有无红肿、渗血、渗液、异常气味等 。

3. 用干棉签蘸干脐轮周围的水（分泌物），左手拇指、示指撑开脐周皮肤，右手持蘸有75%乙醇或0.2%安尔碘的棉签从脐窝根部由内向外环形消毒，范围约为5cm（图1-15、图1-16），一般情况不宜包裹脐部，如要包裹脐部须使用消毒纱块，保持通风、干燥，使其易于脱落。

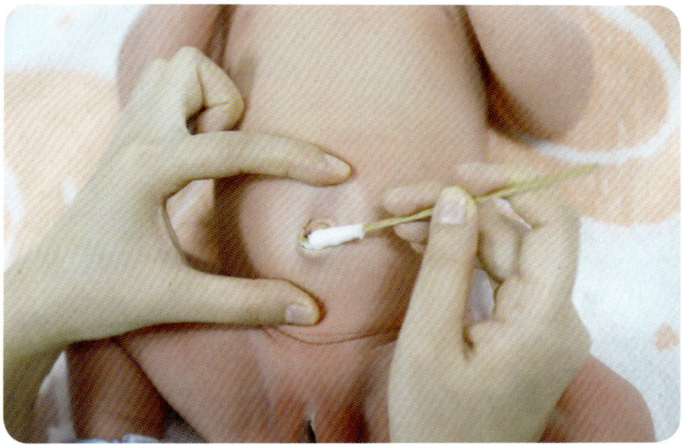

图1-15　脐部消毒1

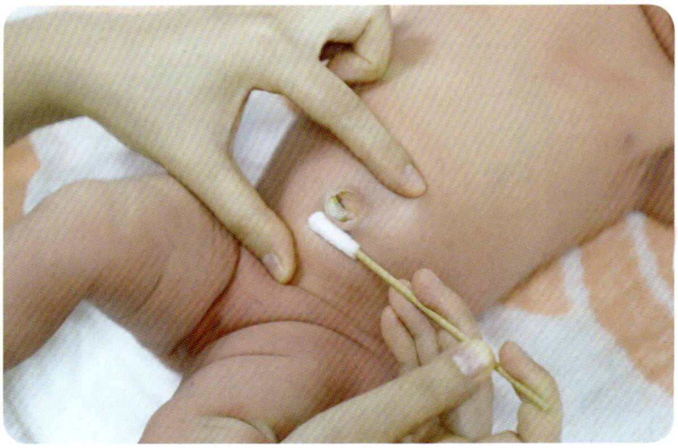

图1-16　脐部消毒2

4. 有分泌物者，用蘸有3%过氧化氢溶液的棉签清洗数次后再用75%乙醇消毒，并保持干燥。

5. 有脐轮红肿的新生儿，用75%酒精消毒后，根据情况遵医嘱予以抗感染处理。

6. 为新生儿穿好衣服，更换尿布，放回婴儿床。

7. 整理用物，分类处置。

8. 处理完毕，洗手。

注意事项

1. 出生后24～48小时的新生儿，沐浴时注意使用防水贴保护脐部，沐浴后及时擦干脐部。48小时后，无须防水，洗澡完毕，直接吸干水分，保持干燥即可。

2. 每天沐浴后脐部有红肿、渗血、渗液、异常气味等的新生儿进行脐部护理时，注意观察新生儿脐部有无渗血、潮湿、黏液性及脓性分泌物，观察脐轮及脐周皮肤颜色、脐带脱落及异常气味，发现异常及时就医，已干燥无须每天进行脐部护理。

3. 脐部护理前应洗净双手，脐带应每天护理1～2次，直至脱落。

4. 脐带未脱落前，勿强行剥落，脐带一般3～7天脱落；脐带脱落后如创面有渗血或分泌物应继续用75%乙醇消毒脐轮直至分泌物消失。

5. 脐部护理操作中动作要轻柔，注意保暖。

6. 日常保持脐部干燥、清洁，尿布勤更换，如有潮湿应及时更换。

7. 用物放置合理，避免跨越婴儿头面部，避免有损伤的风险。

第四节　穿衣、包被、脱衣

一、穿衣

★ 准备

（一）物品准备

衣服1～2件、尿布、平整的台面（或床）。

（二）操作者准备

修剪指甲，不要佩戴首饰，洗手，秋季、冬季须将手搓暖。

★ 操作步骤

1. 将衣服摊开放在处置台面上，铺平整，尿布打开放在衣物的合适位置上（注：如果是两件以上衣服则先将所有衣服套好再摊开、铺平）。

2. 托住婴儿的头颈、背、臀部，将婴儿放在摊开的衣服上面。

3. 可先用左侧的衣服盖住婴儿的身体防止其受凉，再将右侧衣服的袖子沿袖口向上折叠（图1–17），操作者的左手从袖口穿过去，右手握住婴儿的右手腕使肘关

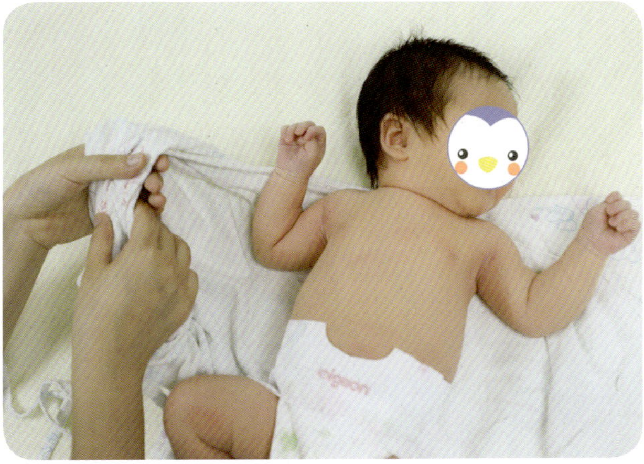

图1–17　穿衣1

第一章　生活照料

节稍微弯曲，将婴儿的右手伸进袖子里（图1-18），操作者左手接住婴儿的右手握拳并轻轻拉出（图1-19）。同法处理左侧（图1-20至图1-22）。

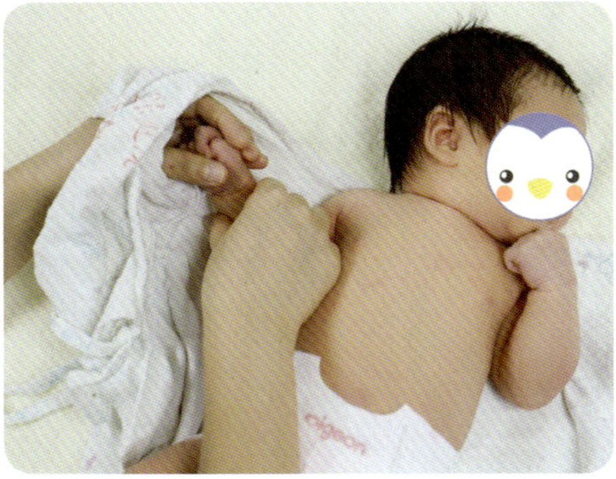

图1-18　穿衣2

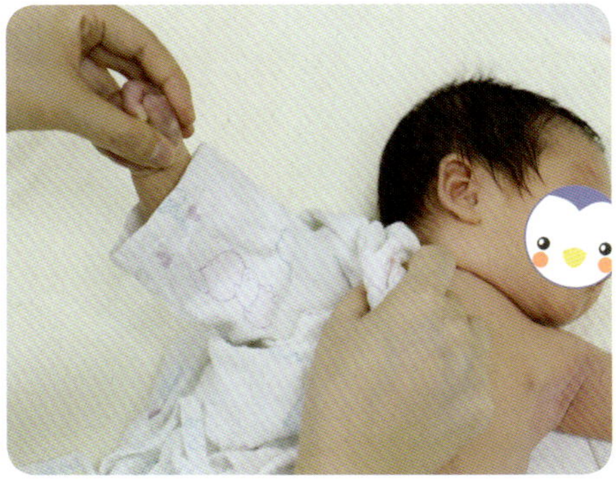

图1-19　穿衣3

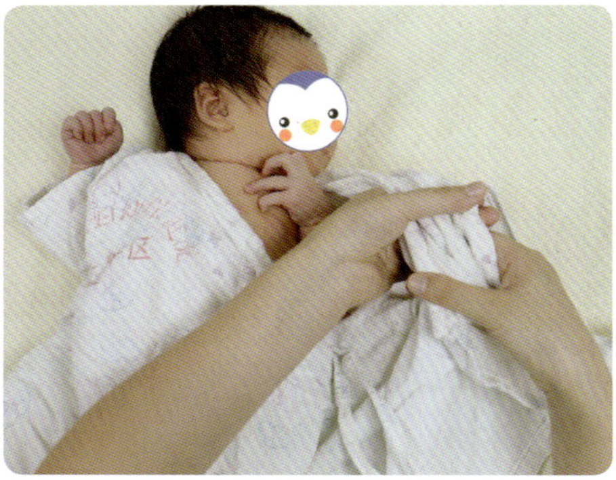

图1-20　穿衣4

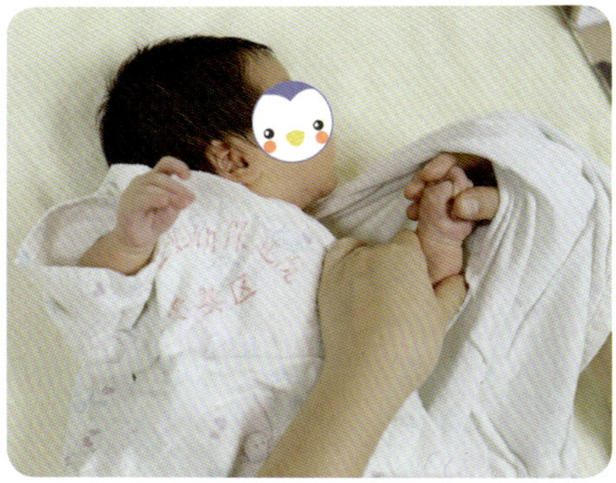

图1-21　穿衣5

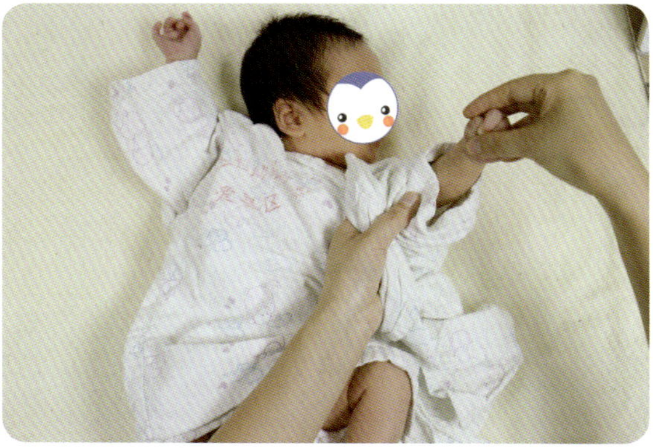

图1-22　穿衣6

4. 将衣服带子系好。

5. 兜好尿布（详见更换尿布操作）。

如果需要穿裤子则按照穿衣服的步骤进行：将右侧裤子从下端向上折叠，操作者的左手从裤子下端开口穿过去，右手握住婴儿的右脚踝使其膝关节稍微弯曲，将婴儿的右脚伸进裤子里，操作者左手接住婴儿的右脚并轻轻拉出。同法处理左侧。

注意事项

1. 穿衣过程注意婴儿的保暖。
2. 动作要轻柔，不要硬拽拉婴儿的手脚，以免造成损伤。
3. 衣服过多时，不要一次套太多件，可分次进行。

二、包被

★ 吃奶包操作步骤

1. 将正方形包被摆成菱形，将上方的角向下折叠，如果是长方形的包被则直接铺开即可（图1-23）。

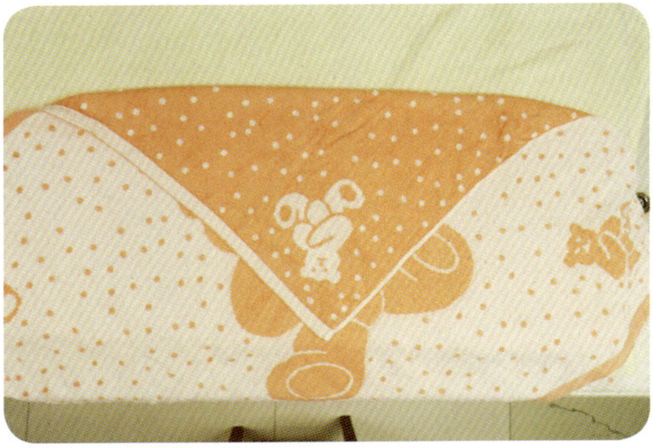

图1-23　吃奶包1

2. 托住婴儿的头颈、背、臀部，将婴儿放在包被上，包被的折叠处平齐婴儿的腋下稍下方（图1-24）。

图1–24　吃奶包2

图1–25　吃奶包3

图1–26　吃奶包4

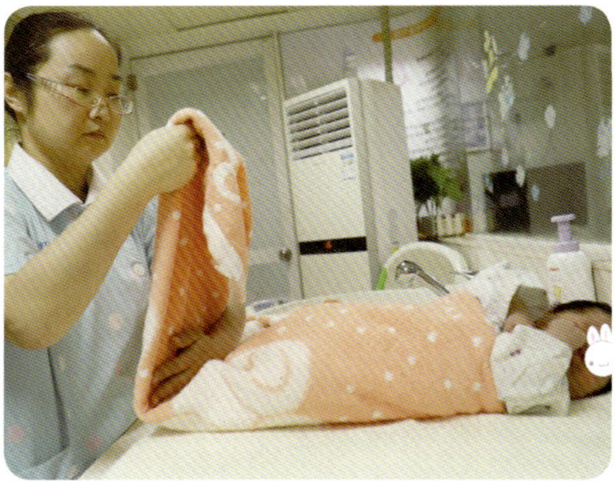

图1–27　吃奶包5

图1–28　吃奶包6

图1–29　吃奶包7

3．将包被左角向里折叠并压在婴儿身后（图1–25、图1–26），下角向上折叠（图1–27、图1–28），再将右角向内折叠（图1–29）。

★ 洗澡包操作步骤

1．将正方形包被摆成菱形，将上方的角向下折叠，如果是长方形的包被则直接铺开即可。

2．托住婴儿的头颈、背、臀部，将婴儿放在包被上，包被的折叠处平齐婴儿的颈部（图1–30）。

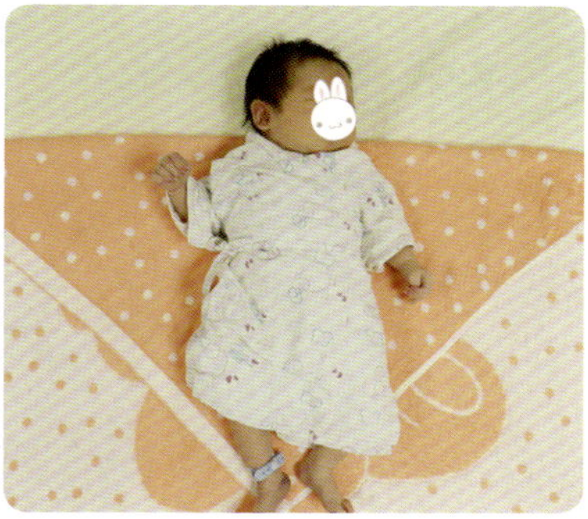

图1–30　洗澡包1

3．将包被左角向里折叠并压在婴儿身后，下角向上折叠，再将右角向内折叠（图1–31）。

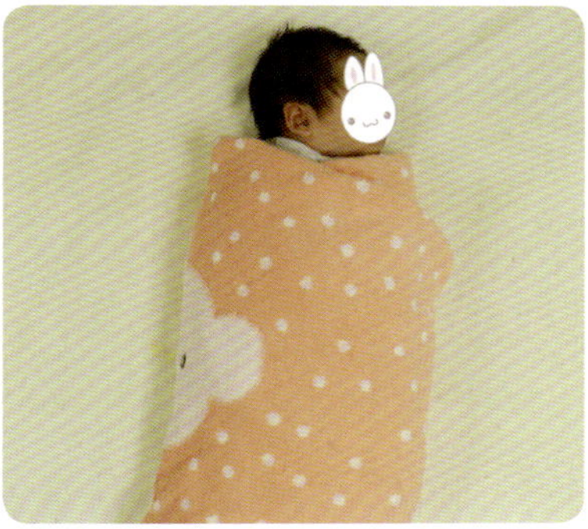

图1–31　洗澡包2

★ 外出包操作步骤

（一）方巾类

1．将包被摆成菱形，可将方巾上角向下折叠（图1–32）。

图1–32　外出包1

2．托住婴儿的头颈、背、臀部，将婴儿放在包被上，婴儿头顶部与包被上角有适宜的距离（图1–33）。

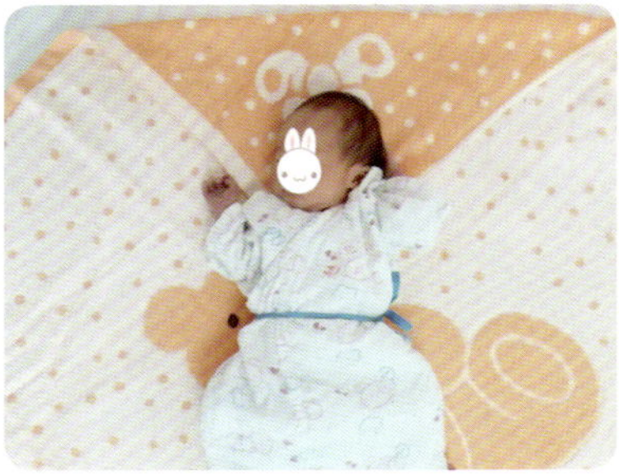

图1–33　外出包2

3．将包被上角向下折叠包住婴儿头部（图1–34）。

4．将包被左角向里折叠并压在婴儿身后，下角向上折叠，再将右角向内折叠（图1–35）。

（二）包被类

1．将包被平铺开。

2．将婴儿放入包被中。

图1-34　外出包3

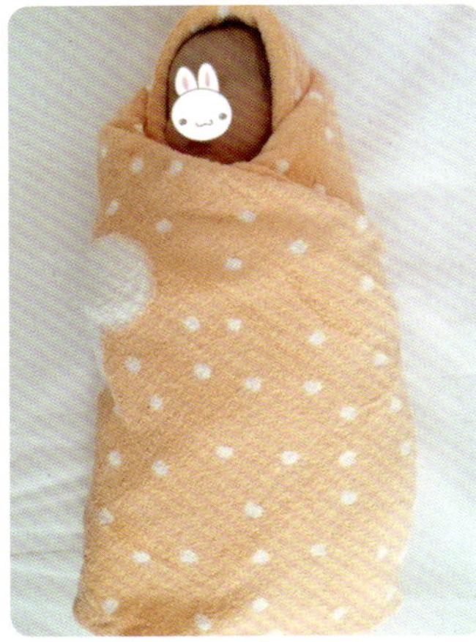

图1-35　外出包4

注意事项

包被下角向上折叠时要留有足够的空间，以利于婴儿下肢在包被内活动。

3．将包被下面的角向上折叠（扣上安全带）。

4．将包被右角向里折，再将左角向里折。

5．系上绑带。

三、脱衣

★ 操作步骤

1．将包被打开。

2．解开衣服系带（图1–36）。

3．操作者的左手从婴儿衣服的左侧近端袖口处伸进，握住婴儿的左手腕部将其肘关节稍微屈曲并拉出，右手同时拉住远端袖口向外牵拉脱出衣袖（图1–37、图1–38）。

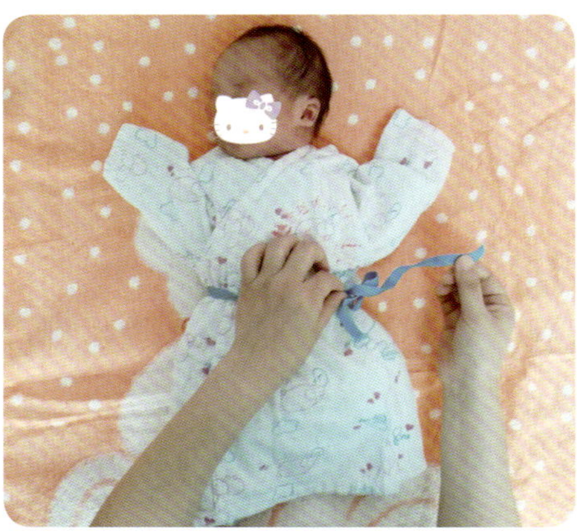

图1–36　脱衣1

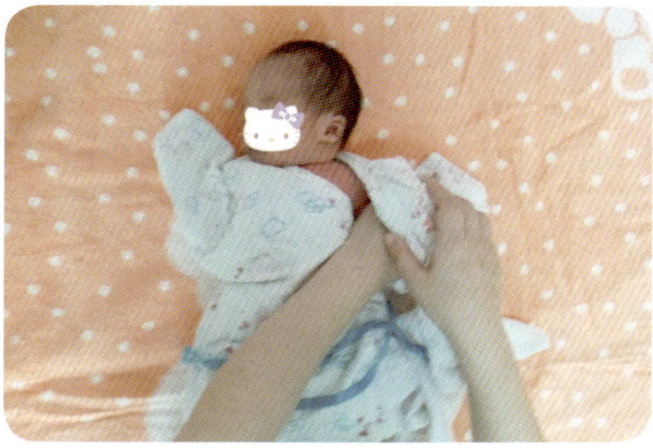

图1-37　脱衣2

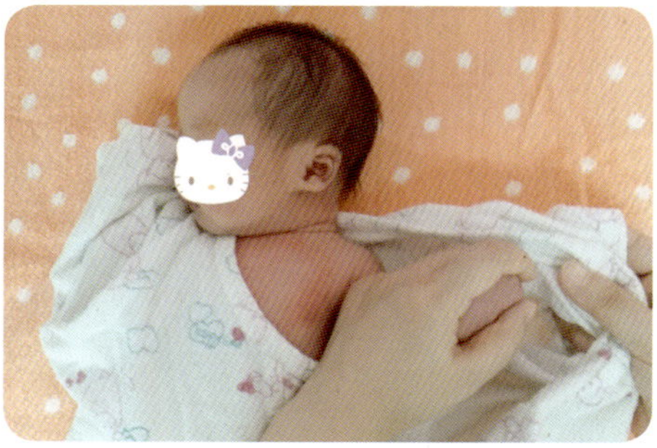

图1-38　脱衣3

4．将婴儿向右侧翻身将其衣服从背部褪向右侧（图1-39）。

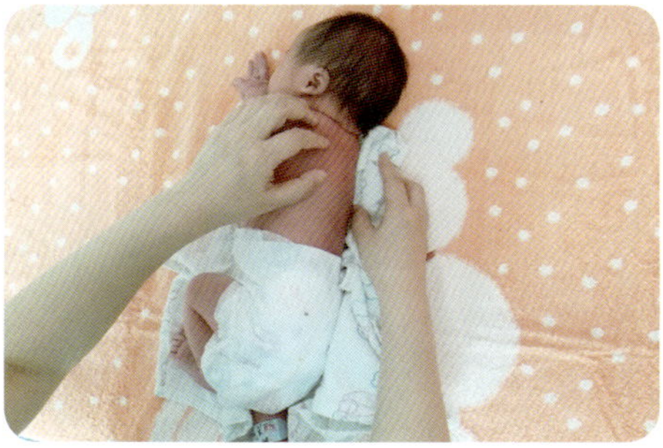

图1-39　脱衣4

5．将婴儿再向左侧转身放平，同法将右侧衣袖脱去（图1-40至图1-43）。

上述过程也可以先脱右侧衣袖。

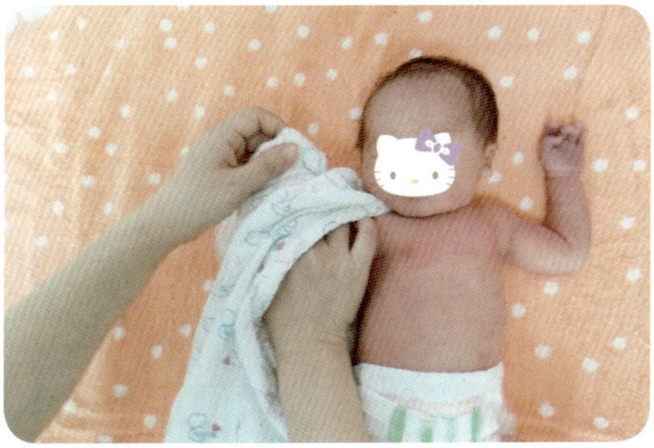

图1-40　脱衣5

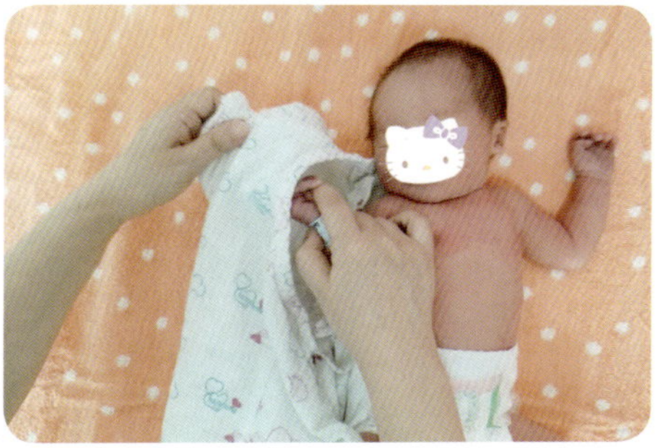

图1-41　脱衣6

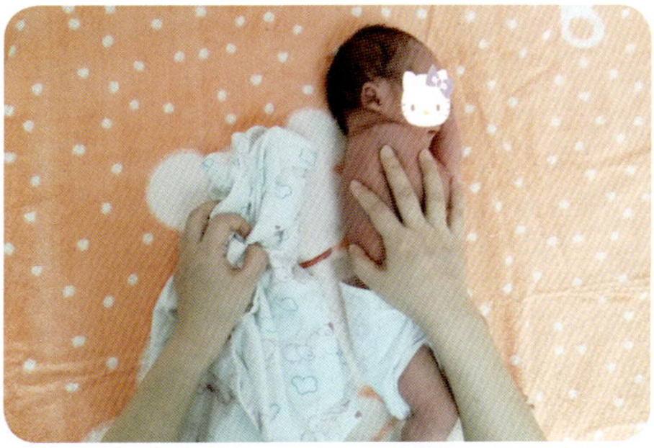

图1-42　脱衣7

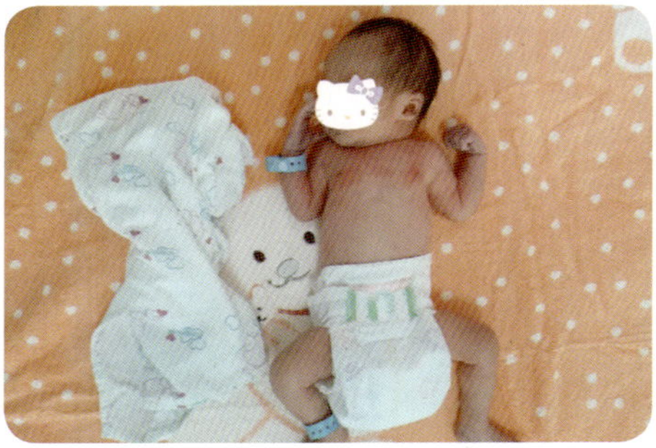

图1-43　脱衣8

第五节 婴儿沐浴

目的

1．保持婴儿皮肤清洁、舒适，预防感染。

2．协助皮肤排泄和散热。

3．促进血流循环，活动肌肉和肢体，利于婴儿生长。

一般冬季1次／天，夏季1～2次／天。

★ 评估和准备

1．评估婴儿身体情况和皮肤状况。

2．操作者准备：着装整齐、剪指甲、洗净双手、摘除手部饰物，衣服口袋内外避免有坚硬尖锐物。

3．用物准备：大毛巾（两条）、小毛巾、沐浴露、75%乙醇、棉签、小浴巾、水温计、新生儿包被一套、衣服、尿布。必要时可准备婴儿秤、垃圾桶或弯盘、护臀霜。

4．环境准备：关闭门窗，减少对流，检查室温在26～28℃、水温为38～39℃。

★ 操作步骤

1．操作台上按使用顺序备好浴巾、衣服、尿布、包被等。

2．将婴儿放于操作台上，脱衣服、解尿布，评估婴儿身体情况和皮肤状况。（必要时用毛巾包裹婴儿测体重并记录）

3. 沐浴流程：包括盆浴和淋浴。

（一）沐浴流程——盆浴

1. 操作者以左前臂托住婴儿背部，左手掌托住头颈部，拇指与中指分别将婴儿双耳郭折向前按住（图1-44），防止水流入造成内耳感染，用左臂及腋下夹住婴儿臀部及下肢，将其头部移至盆边（也可以将婴儿直接摆在操作台上进行面部清洗）；操作者前臂内侧试水温（如有水温计则可免此步骤）。

2. 清洗面部。用单层小毛巾或棉球擦洗婴儿双眼，方向由内眦向外眦；再擦洗额部、鼻翼、面颊、下颌、耳郭及耳后皮肤皱褶处（用棉签清洁鼻孔）。

3. 清洗头部（按照前述洗澡包要求用毛巾包裹婴儿）。

（1）用左手拇指及中指（或示指）将婴儿双耳郭反折向前并轻轻按住（目的为堵住外耳道，防止浴水进入耳内）（图1-44）。

（2）用清水湿润婴儿头部，取沐浴液轻轻地在婴儿头上揉洗，用清水洗净。

（3）将婴儿放回操作台上，并用大毛巾擦干头部。

4. 清洗身体。

（1）将另一块干净小毛巾放入浴盆内，取适量沐浴液溶于水中，再次测试水温。

（2）解开大毛巾，操作者用左手握住婴儿左肩及腋窝处，使头颈部枕于操作者左前臂；右手握住婴儿左腿靠近腹股沟处（或

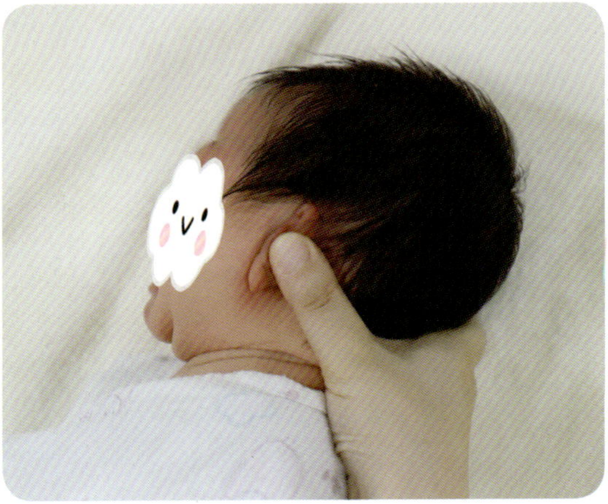

图1-44　反折耳部

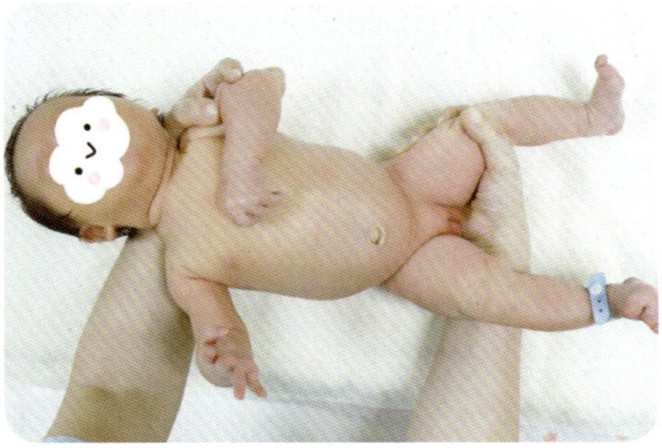

图1-45　托婴儿放入盆中的姿势

双踝），轻放婴儿于水中（图1-45）。

（3）保持左手的握持，用右手湿润婴儿身体，按顺序洗颈下、胸、腹（注意保护脐带）、腋下、上肢、手、会阴（女阴从前往后洗）、下肢，边洗边冲净沐浴液（图1-46至图1-48）。

（4）操作者的右手从婴儿前方握住婴儿左肩及腋窝处，使其头颈部俯于操作者右前臂，左手清洗婴儿后颈、背部、臀部及下肢，边洗边冲净沐浴液（图1-49）。

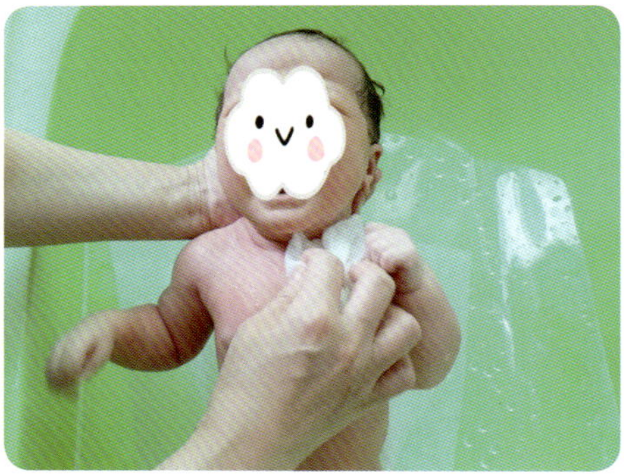

图1-46　清洗颈下

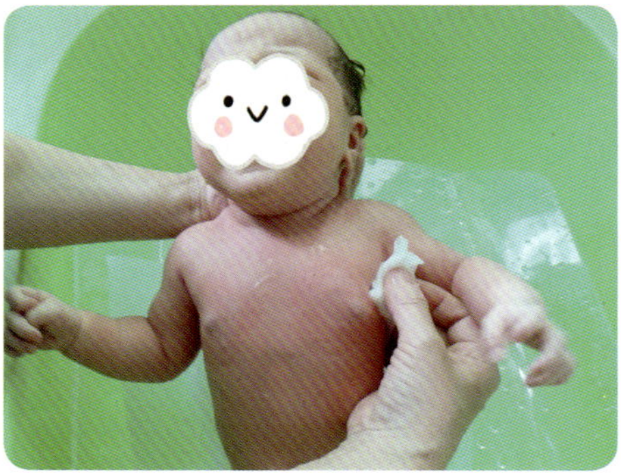

图1-47　清洗腋下

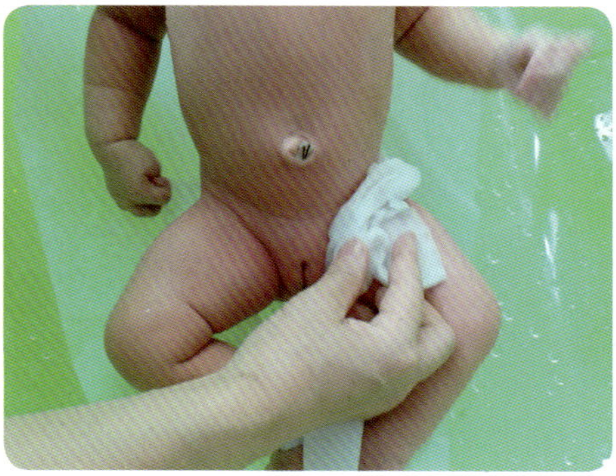

图1-48　清洗腹股沟

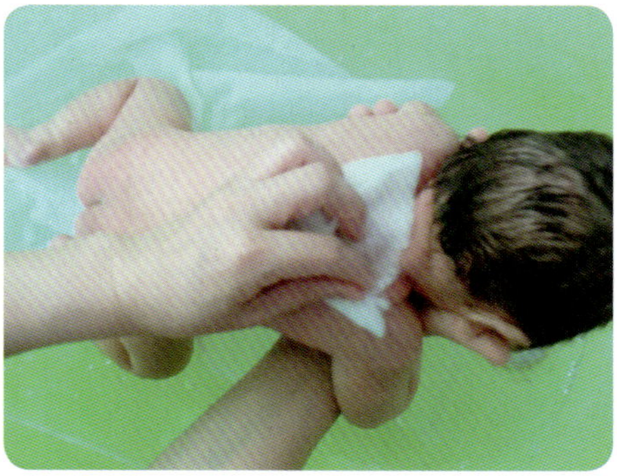

图1-49　清洗背部等

（5）用左手握持婴儿左肩及腋窝处，将婴儿后仰复位，再从水中按放入水中的方法抱出。

（二）沐浴流程——淋浴

1．操作者前臂内侧试水温。

2．将婴儿置于沐浴池垫架上。

3．用单层小毛巾或棉球擦洗婴儿双眼（方向由内眦向外眦）、前额、鼻、面部、耳部，用水湿润头发及全身，再用婴儿专用沐浴液搓出泡沫，涂在婴儿头、颈、上肢、腋下、躯干、腹股沟、臀部及下肢，用浴水冲净。

洗头时须用手掩住婴儿耳孔，防止浴水进入耳内。注意洗净皮肤皱褶处，尤其是男婴的阴囊，女婴的大小阴唇，动作要轻柔。

4．将婴儿抱至台面迅速用大毛巾以按压的方法擦干；将婴儿放在准备好的衣物包被上面；为婴儿护理脐部（用75%乙醇棉签擦拭），擦干臀部，涂护臀霜；为婴儿兜尿布、穿衣、包被，放回婴儿床。

5．将用物分类处理，洗手。

注意事项

1．沐浴时间应在婴儿吃奶后1小时，避免呕吐或溢奶。

2．保持室温、水温恒定，沐浴环境整洁、舒适。

3．顺序准确，动作迅速（时间<10分钟）。

4．注意安全，防止烫伤和跌伤，操作中途不得离开婴儿。

5．动作轻柔，注意保暖，避免婴儿受凉及损伤。

6．沐浴露不要直接倒在婴儿皮肤上。

7．沐浴过程中与婴儿进行情感交流。

8．沐浴时应注意观察婴儿全身情况，注意皮肤是否红润、干燥，有无发绀、斑点、皮疹、脓疱、黄疸等，脐部有无红肿、分泌物及渗血，肢体活动有无异常，发现异常情况及时处理（就医）。

9．沐浴时勿使浴水进入耳、鼻、口、眼内，洗头时注意洗耳后。

10．注意保护未脱落的脐带残端，避免脐部被水浸泡或被污水污染，可使用脐带贴保护脐部。

11．婴儿头部如有皮脂结痂不可用力去除，可涂油剂浸润，如植物油等，待痂皮软化后清洗。

12．女婴会阴部有较多污垢时可用红霉素眼膏涂抹，再用棉签轻轻清除，无须每天使用。

TWO

第二章

母乳及人工喂养操作技能

第一节　母乳喂养体位及哺乳姿势

母乳喂养体位

母亲的哺乳体位有坐位和卧位，无论采取何种体位，都要保证使母亲和婴儿都舒服，才能保证哺乳成功。如果母亲采取坐位哺乳，母亲坐的椅子高度要合适，并用一个垫子或枕头放在她的背后。如果椅子太高，放一个小凳子在母亲脚下，注意不要使母亲的膝盖抬得过高，这样会使得婴儿的鼻头不能对着母亲的乳头。如果母亲坐在床上，背后可以垫一个枕头，以增加舒适感。

★ 哺乳姿势

（一）摇篮式

适应证：大多数母亲喜欢和常用的哺乳姿势。

方法：婴儿的头枕在母亲臂弯处，母亲用手托住婴儿的背部和臀部（图2-1）。

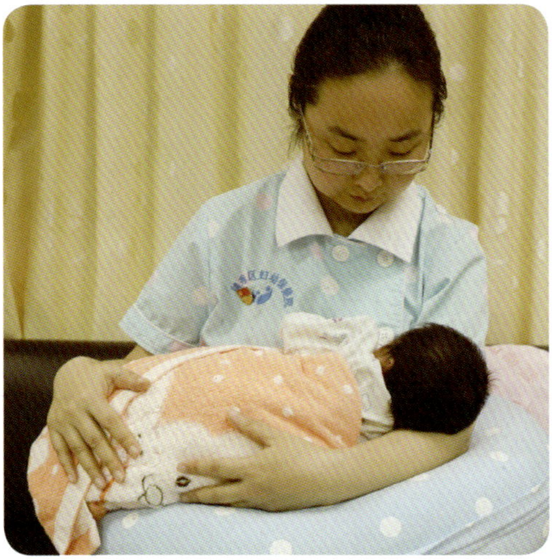

图2-1　摇篮式

（二）环抱式（橄榄球式）

适应证：剖宫产、双胎、婴儿含接困难、治疗乳腺管阻塞，或者母亲喜欢这种体位。

方法：母亲将婴儿放在胳膊下，用枕头托住其身体，并将其头枕在母亲的手上（图2–2）。

图2–2　环抱式

（三）交叉式

适应证：非常小的婴儿、患儿或伤残儿，或者母亲喜欢这种体位。

方法：母亲用乳房对侧的胳膊抱住婴儿，用前臂托住婴儿的身体，婴儿的头枕在母亲的手上，母亲的手在婴儿的耳朵或更低一点的位置，水平托住婴儿的头部，用枕头帮助托着婴儿的身体，可用乳房同侧的手托起乳房（图2–3）。

图2–3　交叉式

（四）侧卧式

适应证：剖宫产术后的母亲，正常分娩后第一天的母亲，夜间哺乳，或者母亲喜欢这种体位。

方法：帮助母亲采取舒适放松

图2–4　侧卧式1

的体位侧躺，头枕在枕头的边缘，母亲的手臂要放在上方的枕头旁。婴儿也要侧卧位，和母亲正面相对，腹部贴在一起。母亲不要用手按住婴儿的头部，让婴儿的头部能够自由活动（图2–4、图2–5）。

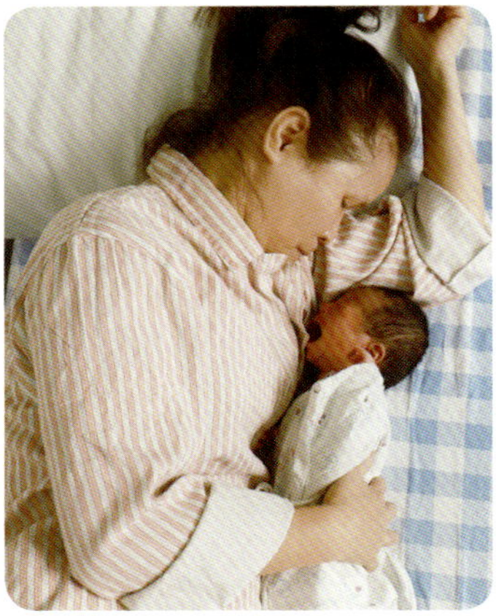

图2–5　侧卧式2

★ 母亲哺乳姿势的4个要点

母亲可以选择任何她喜欢的体位，不论何种体位，均应注意以下几点。

1．婴儿的头和身体成一条直线。如果婴儿的头和颈是扭曲的或者歪的，就不能轻松地吸吮和吞咽。

2．婴儿的脸贴近乳房，鼻子对着乳头。母亲容易将婴儿抱得过高，若婴儿的嘴对着母亲的腋下，则婴儿不能正确含接乳房，只有婴儿的鼻子对着乳头，母亲才容易将乳头放在婴儿的嘴里。

3．婴儿的身体贴近母亲。婴儿的整个身体应几乎都面对着母亲的身体，只要稍离开一点以使婴儿刚好能看见母亲的脸，这是婴儿哺乳的最好姿势。将婴儿抱紧，含接姿势才能正确，婴儿才能含住乳头及大部分乳晕。

4．婴儿头和颈得到支撑。这点对新生儿很重要，是为了确保新生儿的安全。对于稍大的婴儿，托其上半身即可（图2–6、图2–7）。

图2–6　哺乳姿势1

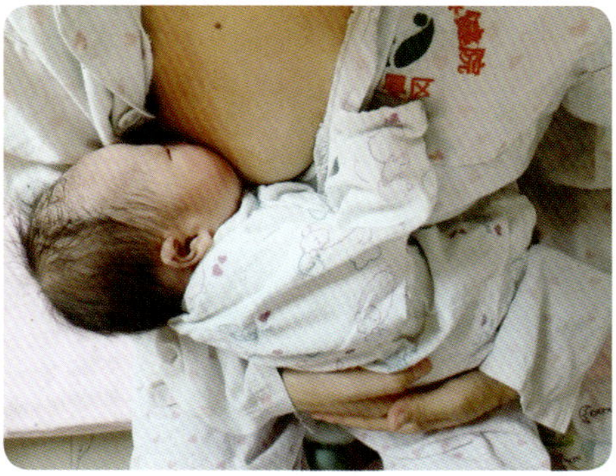

图2–7　哺乳姿势2

第二节 托起乳房的正确方法

一、方法——“C”字形托起乳房

将大拇指与其他四指分开，大拇指放在乳房的上方，轻压乳房的上部，以免堵住婴儿鼻孔而影响呼吸；示指至小指四指并拢，并紧贴在乳房下的胸壁上，用示指支撑住乳房的基底部（图2-8至图2-10）。托住乳房的手不要太靠近乳头处。如果母亲的乳房大而且下垂，用手托住乳房可帮助乳汁流出。如果乳房小而高，在喂奶时手不需要总托住乳房。

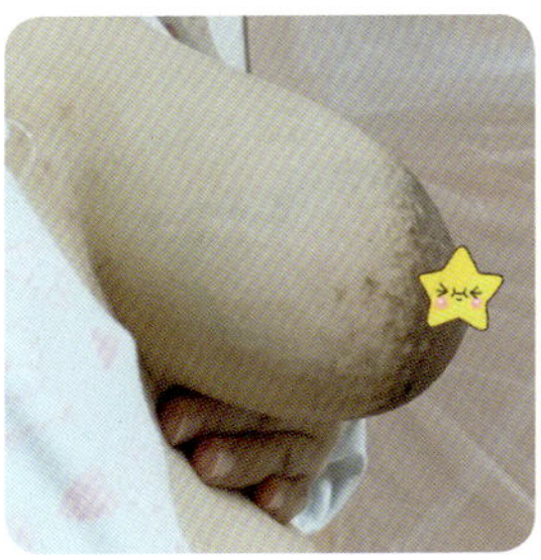

图2-8“C”字形托起乳房1

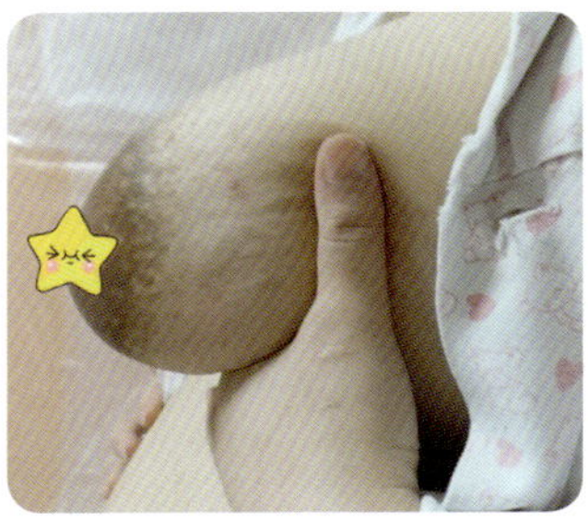

图2-9“C”字形托起乳房2

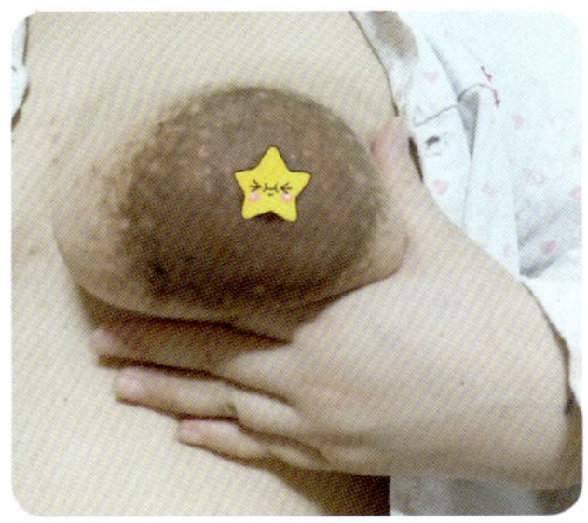

图2-10“C”字形托起乳房3

指导者尽量不要去碰母亲和婴儿，如果需要指导母亲，应尽量把指导者的手放在母亲的手或者手臂上，使母亲了解指导者的意图，帮助她掌握正确的方法。注意不要将婴儿的头部推向乳房。

二、常见问题

1. 手指靠近乳晕太近，影响婴儿含接。

2. 使用“剪刀”或者“雪茄”式托起乳房（图2-11、图2-12）。

用示指与中指或大拇指和示指夹紧乳头或乳晕，这种托着乳房的方法使婴儿不能很好地含接和有效地吸吮，还会阻断母乳的流出，不推荐使用。

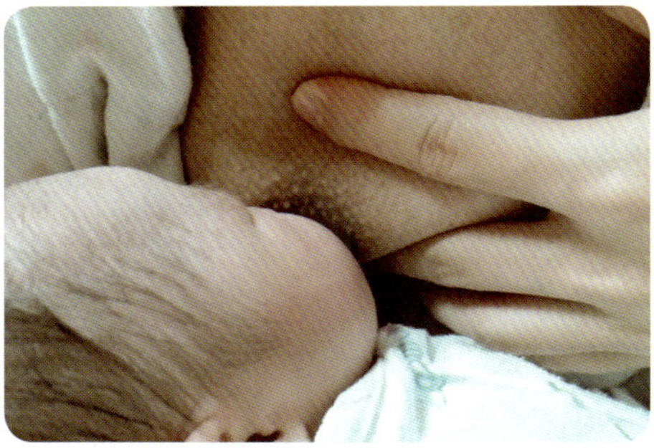

图2-11 “剪刀”式

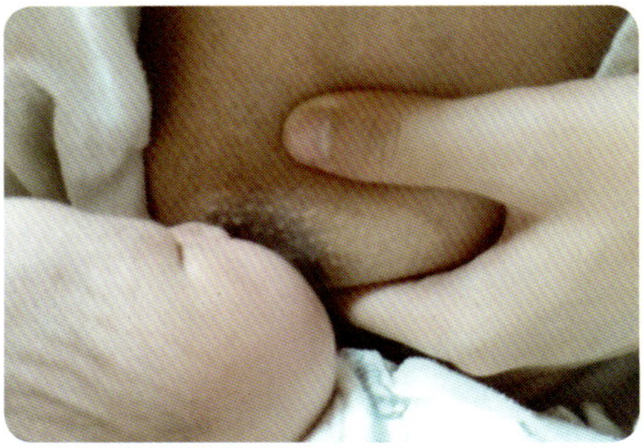

图2-12 “雪茄”式

3．为防止乳房堵住婴儿鼻子，母亲用手指将乳房组织向后压，堵住乳腺管。

4．指导者一手托着乳房，另一只手握住婴儿头部，将婴儿推向乳房，而不是帮助母亲让母亲自己将婴儿抱向乳房。假如对婴儿的脑后施加压力，婴儿会反抗地将头后仰，如果指导者多次用力地将婴儿推向乳房，婴儿不断地反抗，这会导致婴儿拒绝母乳喂养。

第三节 含接姿势

一、正确的含接姿势

母亲用“C”字形的方法托起乳房，用乳头刺激婴儿的口周围，使婴儿建立觅食反射，当婴儿的口张到足够大时，将乳头及大部分乳晕含在新生儿嘴中。

二、正确含接姿势的要点

1．嘴张大。婴儿下颌贴在乳房上，将乳头及大部分乳晕含在嘴中（图2-13、图2-14）。

2．下唇外翻。婴儿下唇向外翻。

3．舌头呈勺状，环绕乳晕。

4．面颊鼓起，呈圆形。吸吮时面颊如果内陷，这表示婴儿只含住乳头而没有含接到乳晕。

5．婴儿口腔上方可见更多的乳晕。

6．婴儿慢而深的吸吮是婴儿吃到母乳的重要征象，也表明含接姿势正确，吸吮有效。通常婴儿先快吸几口，以启动喷乳反射，当乳汁流出并充满婴儿口腔时，即可听到慢而深的吸吮，然后停顿一会儿，再开始几次较快的吸吮。

图2-13 正确含接姿势1

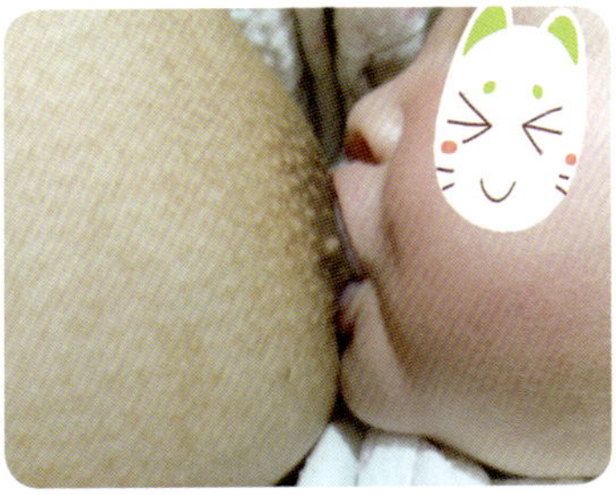

图2-14 正确含接姿势2

7. 能看或听到吞咽。如果婴儿吸吮时伴有咂咂声，这说明含接姿势不正确，吸吮无效。

三、常见问题

1. 婴儿只含接乳头，未将乳晕含在口中。

2. 婴儿嘴未张大，下唇向内翻。

3. 下颌未接触到母亲的乳房。

注意：看到较多的乳晕，不一定就表示含接姿势不当。因为有些母亲的乳晕很大，即使婴儿含入大量的乳房组织，还是可以看到很多乳晕。

四、含接姿势不当的后果

1. 可能会造成母亲乳头疼痛及受伤。如果婴儿以错误的姿势含接乳房，也就是吸乳头，那么，母亲一定会感到十分疼痛。错误的姿势是造成乳头疼痛的最大原因。当婴儿用力地吸吮时，把乳头吸进吐出，造成乳头上的皮肤与婴儿口腔不断发生摩擦，母亲的乳头就会破裂，甚至出血。

2. 造成无效吸吮。如果婴儿的含接姿势不正确，那么他就无法有效地从乳房中吸出母乳，这样会造成以下后果。

（1）乳房会逐渐肿胀。

（2）因为乳汁流量小，婴儿会觉得很不满足。

（3）婴儿会常常啼哭，而且很快就肚子饿，或者每次哺乳需要很长时间，母亲会感到筋疲力尽。

（4）婴儿或许无法得到足够的营养，体重增加缓慢。

（5）婴儿可能会有挫折感，甚至拒绝进食。

3. 因为乳房持续没有排空，泌乳量会逐渐减少。不良的含接方式，会让我们误以为母亲无法提供充足的乳汁，而给婴儿一些添加物。如果情况不加以改善，那么乳汁的分泌真的就会越来越少，最终导致母乳喂养失败。

第四节　拍背驱气（拍嗝）

作用

防止婴儿出现溢奶、吐奶现象。

★ 原理

婴儿打嗝是一种常见的症状，一般是由于婴儿吞入空气所致。打嗝可引起吐奶、溢奶，因此应及时帮婴儿拍嗝，把气体排出，减少胃里的压力，从而防止溢奶、吐奶。

★ 方法

（一）直立式

1. 先在肩膀上铺一条毛巾。

2. 抱起婴儿，用一只手扶婴儿的屁股，另一只手托住婴儿的头、颈、肩，头偏向一侧，使婴儿趴在自己身上。

3. 将婴儿重心前倾，头靠在肩膀的毛巾上，脸部向外。

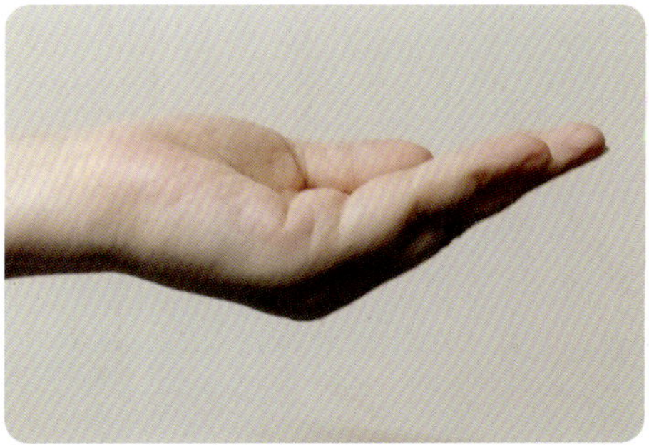

图2-15　接水状

4. （母亲手臂交换）一手托住婴儿臀部，另一手将手掌略微弓起，使手心呈弓状（接水状）（图2-15），由婴儿肚脐正对的背部位置开始拍，由下而上轻拍，当听到婴儿嗝出声音即可（图2-16）。

图2-16　直立式

（二）端坐式

1. 母亲坐着，让婴儿侧向自己坐在大腿上，一只手拇指与示指分开托住婴儿的下巴，手掌根部托住胸部（大婴儿可直接托住其胸部），使婴儿身体稍前倾。

2. 其他步骤同上（图2-17至图2-18）。

图2-17　端坐式1

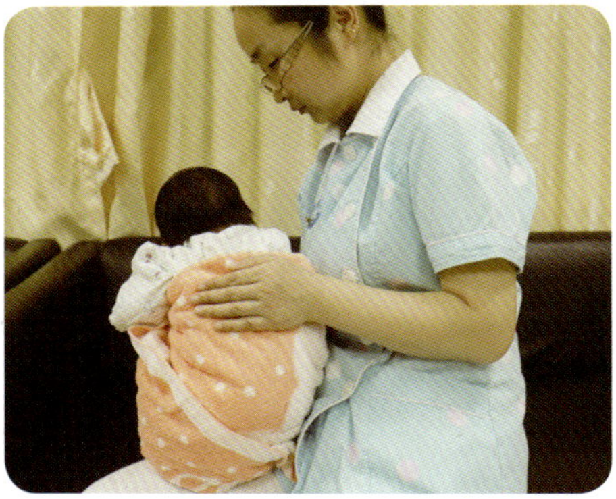

图2-18　端坐式2

（三）侧趴式

1. 母亲坐好，双腿合拢，将婴儿横放，让其侧趴在腿上，婴儿头部

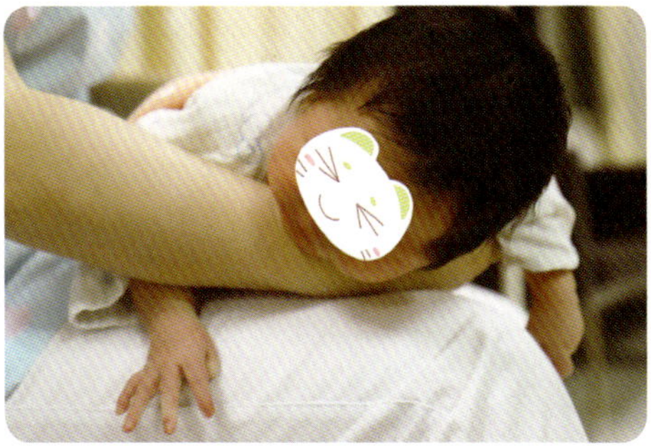

图2-19　侧趴式1

图2-20　侧趴式2

略朝下；母亲以一只手扶住远侧上肢固定好婴儿。

2．其他步骤同上（图2-19、图2-20）。

注意事项

1．拍嗝的最佳时间：吃奶到一半就拍嗝，最后吃完再拍嗝。

2．拍嗝要用手腕的力量，力度要适中。

3．如果婴儿在拍打几次之后都没打嗝，可以考虑先抚摸再拍打，也可以换另外的肩膀再拍打。

4．不是每次都可以拍出嗝来，不必强求，每次拍嗝1～2分钟即可。

5．拍完嗝后要让婴儿右侧卧位。

第五节　挤奶（手挤）的正确方法及吸乳器吸乳

一、正确的挤奶方法

正确的挤奶方法可以帮助母亲建立喷乳反射，帮助母亲坚持母乳喂养2年。

★ 挤奶的适应证

1. 产后促进泌乳。

2. 哺乳期任何时候泌乳不足时增加泌乳量。

3. 母婴分离条件下刺激和维持泌乳。

4. 婴儿生病住院或无法直接哺乳时，可以吸出乳汁供给婴儿。

5. 预防或缓解乳胀、乳腺导管堵塞或者乳腺炎等乳汁淤积的情况。

6. 外出、上班或上学时供其他看护者哺喂婴儿。

7. 在某些特定情况下，如早产儿、低体重儿吸吮能力弱甚至没有吸吮能力时，维持或增加乳汁分泌。

8. 由于外出、母亲住院或哺乳期使用禁止哺乳的药物时。

9. 由于哺喂频率不足或排空不彻底导致泌乳减少时。

10. 母亲选择奶瓶喂。

11. 计划给母乳库捐奶。

★ 建立喷乳反射

在母亲挤奶前帮助母亲建立喷乳反射，喷乳反射对母乳从乳房中流出起重要作用，可减少挤奶的困难。

★ 建立喷乳反射的方法

1．建立信心，尽量减少疼痛和焦虑。帮助母亲对婴儿抱有美好的想法和感情。建议母亲单独一个人或有一位支持她的好友陪伴她，安静地坐好，抱着婴儿，尽可能进行皮肤与皮肤的接触。挤奶时可把婴儿放在腿上，或者挤奶时看着婴儿。如果做不到，至少看着婴儿的照片也有帮助。

2．适量喝一些温热的饮料，如牛奶、汤类，不要喝咖啡和浓茶。

3．热敷乳房。用热水袋、热毛巾敷乳房；用热水淋浴刺激乳头或按摩乳房。用手指轻轻拉动或揉搓乳头。轻揉按摩或拍打乳房。用指尖从乳房上方向乳头轻轻叩打或用梳子梳理。

4．按摩后背。

（1）母亲取坐位，向前弯曲，双臂交叉放在桌边，并将头枕于手臂上。

（2）脱去上衣，使乳房松弛下垂。

（3）医务人员或亲属在脊柱两侧向下按摩，双手握拳，伸出拇指，用双手拇指用力点压、按摩、移动并兼做小圆周运动，在脊柱下移的同时再从颈部移至肩胛骨，持续按摩2～3分钟（图2-21、图2-22）。

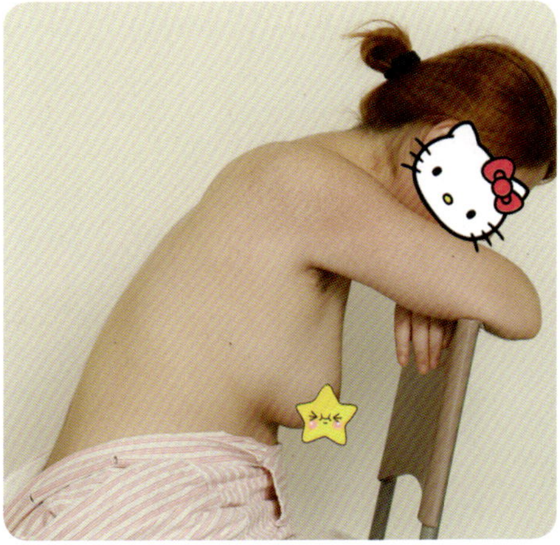

图2-21　按摩后背1

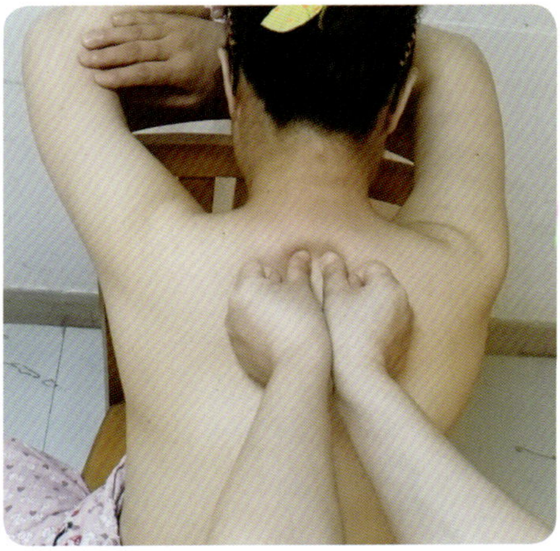

图2-22　按摩后背2

★ 挤奶的频率和时间

母婴分离的产妇应该在婴儿出生后6小时内开始挤奶，保证每24小时至少挤8次。白天每2～3小时挤1次，夜间（23：00 — 05：00）也要至少保证挤奶或吸奶1次。

手挤时，一侧乳房挤3～5分钟换另一侧，反复进行，每次挤奶持续20～30分钟。用吸乳器吸乳时，可以选择单侧或者双侧吸乳，每侧吸乳15分钟。选择双侧吸乳能够缩短吸乳时间，提高血清催乳素水平，有助于建立和保持乳汁分泌。

★ 手挤的方法

1. 彻底洗净双手。

2. 坐或站均可，以自己感到舒适的姿势为宜。

3. 将容器靠近乳房，拇指及示指放在距乳头根部2cm处，二指相对，其他手指托住乳房（图2–23、图2–24）。

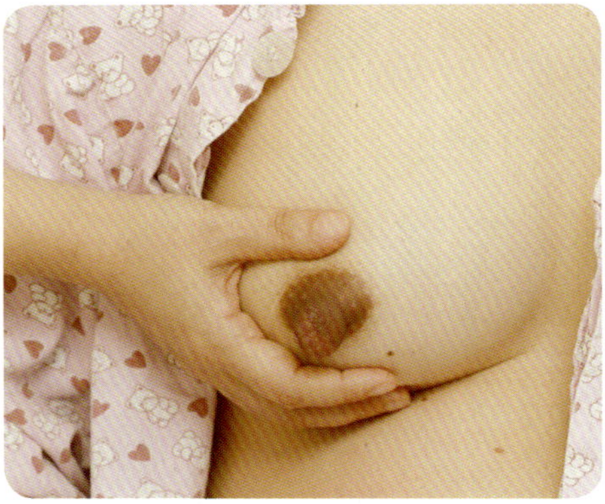

图2–23　手法挤奶1

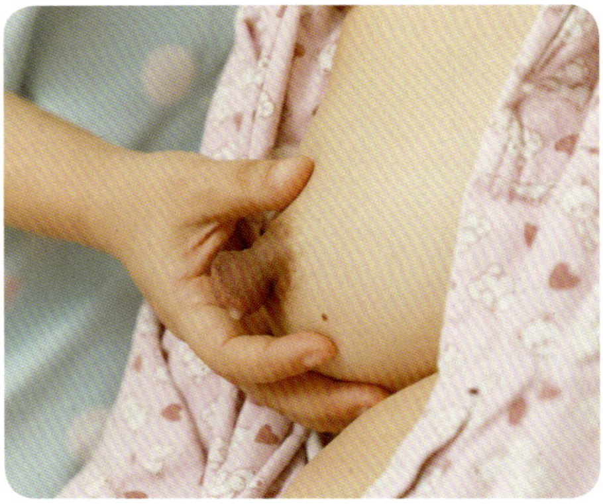

图2–24　手法挤奶2

4. 用拇指及示指向胸壁方向轻轻下压（图2–25、图2–26），随后拇指及示指再合拢挤压（图2–27、图2–28）。下压时不可压得太深，否则将引起乳腺导管阻塞。挤压时压力应作用在拇指及示指间乳晕下方的

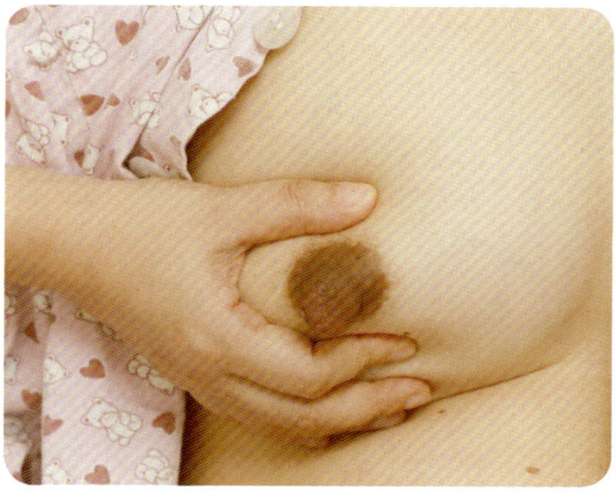

图2-25　手法挤奶3

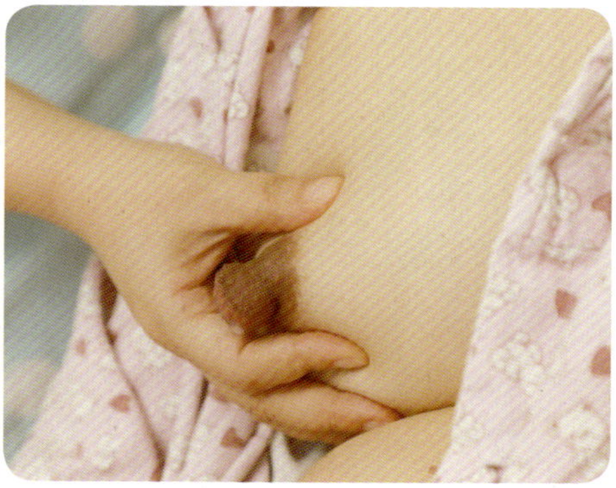

图2-26　手法挤奶4

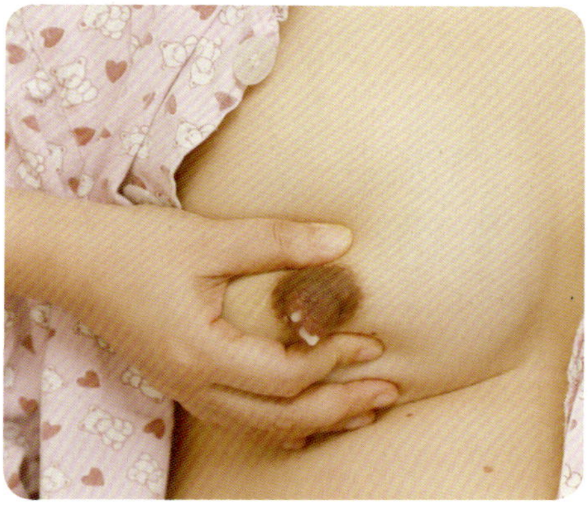

图2-27　手法挤奶5

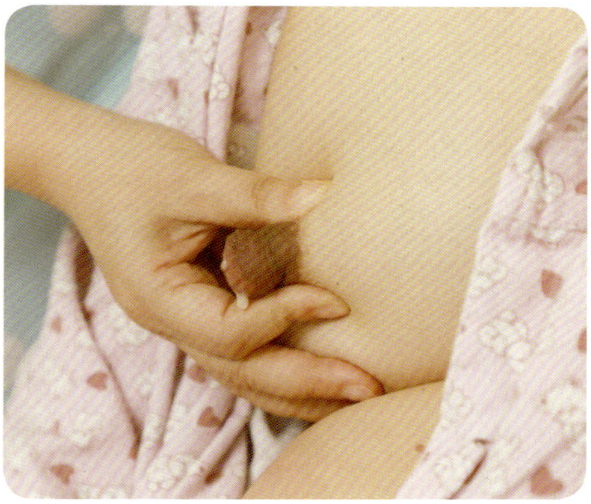

图2-28　手法挤奶6

乳房组织上。也就是说，必须挤压乳晕下方的乳窦，这样才会有效地挤压出乳汁。

5．反复一压、一挤、一放。操作时不应引起疼痛，否则表明方法不正确。依各个方向按照同样方法挤压乳晕，要做到使乳房内每一个乳窦的乳汁都被挤出。挤压乳晕的手指不可在乳房上滑动。不要挤压乳头，因为挤压乳头不会出奶。

6．一侧乳房至少挤压3～5分钟，待乳汁少了，就可挤压另一侧乳房，如此反复数次。两侧乳房挤奶时间应以20～30分钟为宜。

二、吸乳器吸乳

★ 吸乳器分类和选择

吸乳器根据不同的标准可以有不同的分类，按动力来源可以分为手动吸乳器和电动吸乳器，按是否能够同时吸乳分为单侧吸乳器和双侧吸乳器，按是否供单人使用可以分为个人用吸乳器和医院级吸乳器。本书主要介绍个人用吸乳器。

（一）橡皮球式（不建议使用）

这种吸乳器由于吸力不易掌握，而且难以清洗消毒，容易导致乳头疼痛、皲裂和乳汁细菌感染，存在较大卫生隐患，不推荐使用。

（二）手动吸乳器

手动吸乳器的体积较小，携带方便。一般它由储奶瓶、吸乳护罩以及产生负压的手柄或抽气筒等结构组成。这类吸乳器由于产生负压的部分设计不一，可能需要单手或者双手操作，其操作难易程度差异很大。

相比电动吸乳器，手动吸乳器较为费力，适合母亲偶尔使用，如每周数次，或者母亲经常外出，无法使用电源的，也可使用手动吸乳器。

（三）电动吸乳器

1．电池驱动式吸乳器。

市面上有单用电源、单用电池和电源电池均可使用的吸乳器。单用电池的吸乳器容易受到电池电量的影响，而单用电源使用时易受到场所限制，所以最佳选择是电源和电池均可使用的吸乳器。

2．电源驱动式吸乳器。

（1）电动吸乳器的“吸—放—停”标准。

“吸—放—停”标准是指在吸乳过程中马达是否能够自动调节吸乳负压，每个吸乳周期从“负压升高”到“负压降低”到暂停，再开始下一个吸乳周期。

半自动吸乳器是指逐渐缓慢增加负压值，有时需要20～30秒达到设定的最高负压，再通过手动放气决定吸乳的负压范围。吸乳频率由手动放气的频率决定，因此吸乳效率和舒适度不理想。负压恒定或者一个吸吮周期时间超过2秒（即频率<30周期/分钟）的吸乳器，容易造成乳头损伤。如果预计使用时间超过2周，则不建议使用半自动吸乳器。

全自动吸乳器具有模仿婴儿吸吮的“吸—放—停”自动吸乳节奏，市场上的全自动吸乳器的吸吮频率一般为20～60周期/分钟，负压为0～350mmHg。婴儿吸吮时，吸吮负压较小，节奏较快。而乳汁流速快时，婴儿吸吮负压较大，节奏较慢，平均频率约为74周期/分钟，范围为36～126周期/分钟，吸吮负压为50～155mmHg，最大时约为220mmHg。接近婴儿吸吮模式的吸乳器吸乳效率较高，舒适感也较好。

（2）单侧吸乳器和双侧吸乳器。

电动吸乳器还可以分为单侧或者双侧吸乳方式，双侧吸乳器不仅可以缩短一半的吸乳时间，还可以提高吸乳量，升高血清催乳素水平。所以如果出现母婴分离、母亲上班或者其他主要依赖吸乳器喂养的情况，为了帮助母亲建立和维持乳汁分泌，建议使用双侧吸乳器吸乳。

★ 吸乳器吸乳方法

1. 吸乳前洗净双手和吸乳配件、奶瓶。

2. 先刺激引发喷乳反射（具有双韵律吸乳模式的吸乳器使用刺激泌乳阶段可自行刺激喷乳反射；不具有双韵律模式的吸乳器，应先按摩乳房刺激喷乳反射）。

3. 使用合适尺寸的吸乳护罩，乳头在护罩中央，并确保乳房不受挤压。

4. 选择最大舒适压力（逐渐调大吸力至略感不适再调低一档，这是母亲能够耐受并感觉舒服的最大吸力）（图2-29、图2-30）。

5. 使用双侧吸乳器吸乳后，检查两侧乳房是否还有硬块。如果一侧

图2-29　调压力至略感不适

图2-30　再调低一档压力

还有，就将该侧乳房吸空。

6. 根据婴儿的哺乳节奏（24小时内至少8次）定时吸乳。

7. 吸乳后检查乳房，如乳头有皲裂或肿块，须观察与治疗。

8. 每次吸乳后注意记录吸乳时间、吸乳量，以帮助了解泌乳情况。

9. 吸出乳汁标记姓名、时间和乳量。根据需要及时哺喂或冷藏保存。

★ 使用吸乳器的要点

（一）刺激喷乳反射

吸乳器的负压只是一个必要但不充分条件，决定吸乳效果的关键是刺激母亲产生喷乳反射，吸乳器在喷乳反射发生前能够吸出的乳汁很少。

喷乳反射是一种条件反射，婴儿或吸乳器对乳头的刺激引发乳腺腺泡周围的肌上皮收缩，将乳腺腺泡中的乳汁挤压到乳导管中，再从乳头开口处顺利流出。另外，母亲在吸乳前热敷、按摩乳房，吸乳时放松、喝杯温水，看着婴儿或者婴儿照片都有助于刺激母亲的喷乳反射，能够提高吸乳的效率，缩短吸乳时间。

（二）最大舒适吸力

婴儿口腔负压为–170 ~ –60mmHg，最高不超过–250mmHg，吸力太大不仅不利于吸乳效果，还可能造成乳房损伤，影响乳汁的顺利流出，造成乳头疼痛、乳胀、乳腺炎等问题。

所以，不管手动还是电动吸乳器，都应该注意采用“最大舒适吸力”，这时母亲的吸乳过程最为舒适和高效。“最大舒适吸力”即母亲感觉舒适的最大吸力。电动吸乳器在调节时从最小吸力开始逐渐增加至感觉稍有不适时减低一档，手动吸乳器则可以通过按压或者抽拉手柄的速度和力度决定吸力的大小。

（三）正确的护罩尺寸

母亲的乳头大小不一，应该根据乳头的尺寸选择合适大小的吸乳护罩，这点非常重要。

如果母亲的乳头偏大，使用标准尺寸的吸乳护罩时，可能由于乳头不能自由收缩而影响吸乳效率，或者由于乳头在吸乳护罩的某处反复摩擦而造成乳头疼痛、水疱、损伤、出血等情况。所以如果母亲乳头较大，吸乳时出现乳房不能有效吸空，吸乳后仍有硬块或者堵塞，吸乳时感觉疼痛等问题时，母亲应该更换更大的吸乳护罩。

（四）母亲检查要点

将乳头放置在中心部位，对准吸乳护罩管道。打开吸乳器，检查下列各项。

（1）您的乳头是否在管道内自由移动？

（2）是否最少量或者没有乳晕组织被拉入吸乳护罩的管道内？

（3）是否看见每次吸乳周期中乳房轻柔、有节奏地活动？

（4）是否感到乳房彻底排空？

（5）乳头是否常有疼痛感？

如果对上述问题的任意一项回答为“否”，那么请尝试一款更大

（或更小）的吸乳护罩。

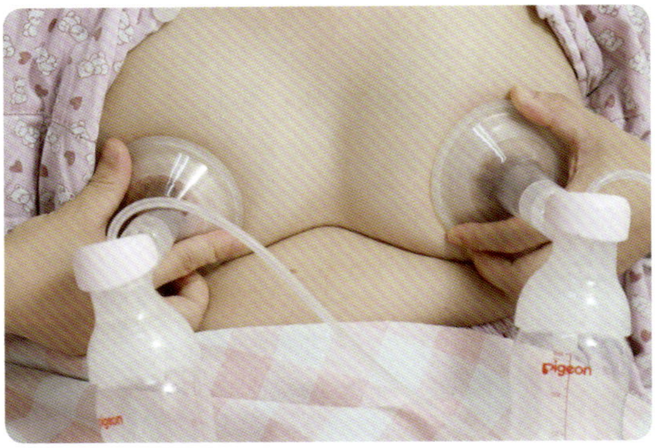

图2-31　吸乳手势

（五）正确的吸乳手势

部分乳腺导管分布在乳房皮下浅表的位置，使用吸乳器时，母亲应该用手掌托住乳房和吸乳护罩，保持其密封，但注意避免用吸乳护罩用力压迫乳房，避免压迫乳腺导管，影响乳汁流出（图2-31）。

★ 总结

吸乳器是母乳喂养的重要辅助工具，专业人士应该充分了解各种吸乳器的特点，并根据具体情况和需要指导产妇正确选择和使用吸乳器，帮助母亲解决母乳喂养问题。

第六节 乳旁加奶

乳旁加奶设备能够帮助母亲和婴儿坚持母乳喂养，而不是改用配方奶喂养。乳旁加奶设备一般含有一个储奶容器（内装吸出的母乳或者配方奶）和一根柔软细管，细管一端连接储奶容器，另一端紧贴母亲乳头。婴儿含接乳头时将管子一起含入嘴中，吸吮乳房时可同时获得额外乳汁，有助于增加对乳房的吸吮刺激，同时确保婴儿摄入量。

★ 适用人群

1. 泌乳过渡期内（产后3天）母乳喂养的母亲。

2. 中途因特殊原因短期内中止喂奶导致母乳不足，想重新母乳喂养的母亲。

3. 初期因不当的喂养方式（奶瓶奶嘴）导致新生儿乳头错觉的。

4. 断奶期间希望婴儿适应代乳品味道，以及婴儿胃口特别大，母乳吃不饱，又不吸奶嘴的。

★ 使用步骤

1. 用开水清洗消毒加奶器各个配件。

2. 将白色垫片贴合放入黄色瓶盖中。

3. 加入适量的代乳品（奶量最好不要超过60mL），将瓶盖盖好（图2-32）。

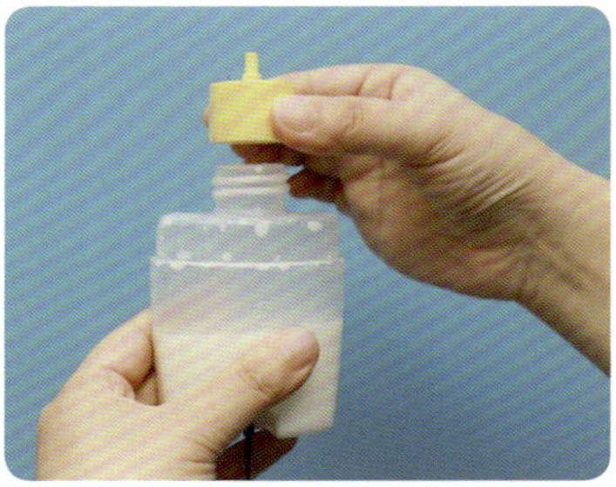

图2-32 乳旁加奶1

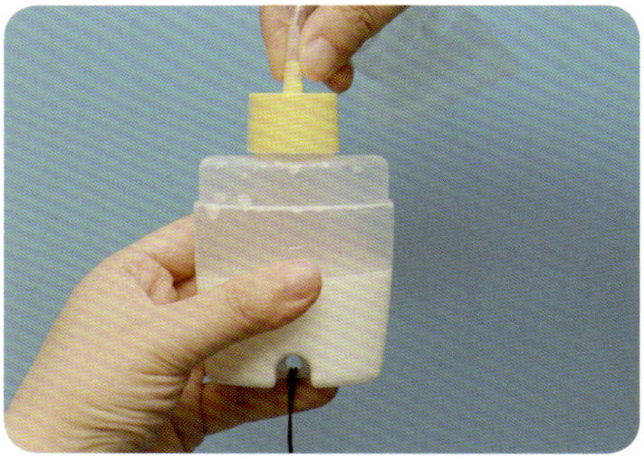

图2-33　乳旁加奶2

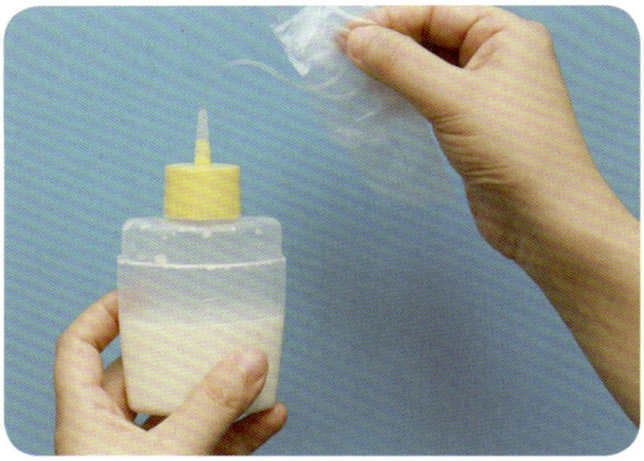

图2-34　乳旁加奶3

4. 将吸管套入瓶口处，吸管被固定（图2-33、图2-34）。

5. 将挂绳的挂钩穿在瓶底接口处，挂在脖子上，调整至舒适位置（图2-35）。

6. 调整出奶口，奶瓶的位置与乳头平齐略低于乳头（图2-36）。

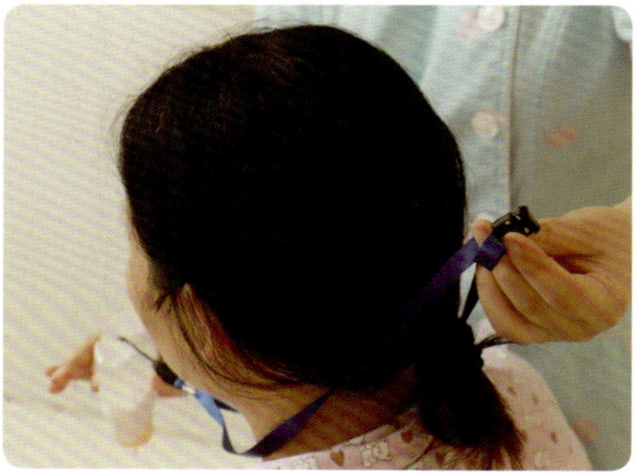

图2-35　乳旁加奶4

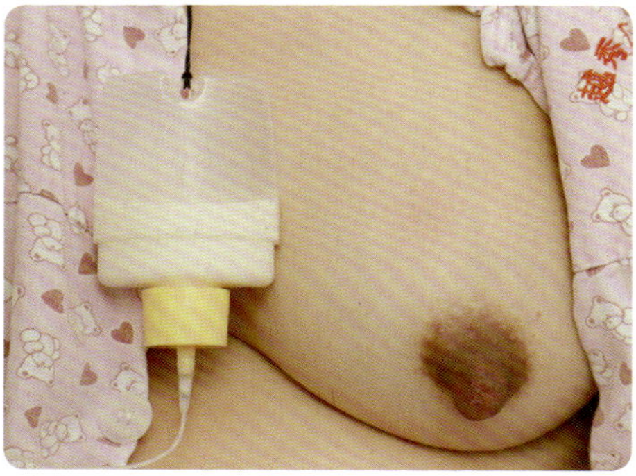

图2-36　乳旁加奶5

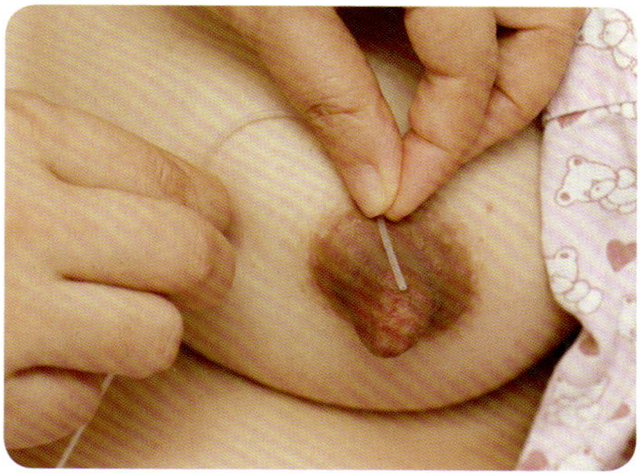

图2-37　乳旁加奶6

7. 使吸管紧贴乳头，吸管长于乳头1～2mm，确保导管从储奶瓶到乳头通畅（图2-37、图2-38）。

8. 用压敏胶布固定吸管于乳房上，胶带避开乳头和乳晕（图2-39）。

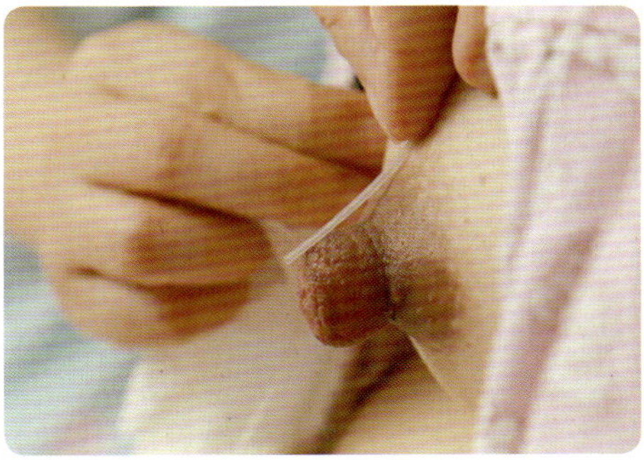

图2-38　乳旁加奶7

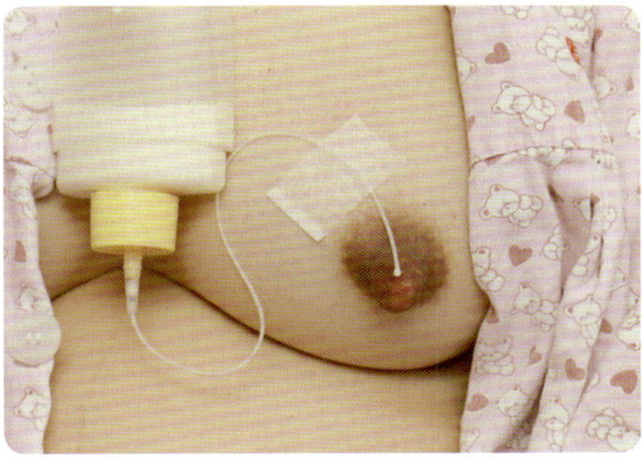

图2-39　乳旁加奶8

9. 采用合适的哺乳姿势将婴儿“腹贴腹”抱好。

10. 帮助婴儿衔乳，婴儿含接的同时含住导管，导管可从婴儿的嘴角或者嘴唇正上方放入，当婴儿吸吮时口腔形成负压，吸出乳汁。适当时将导管松开。

★ 设备清洗

1. 每次使用后，用凉水冲洗设备。
2. 储奶瓶装满放有清洗液的温水，让水流过导管。
3. 再在瓶中装满清水，用清水洗涤导管。
4. 倒空奶瓶，挤压空瓶去除导管中的水滴。
5. 检查导管，确保所有乳汁已被洗净。
6. 完全拆卸设备，用清洗液清洗其余部件。
7. 清水漂净，置于干净的毛巾上晾干。

★ 吸管漏奶情况处理

1. 瓶体内的奶量最好不要超过60mL。
2. 刚刚使用的时候加奶器瓶体高度一定要比乳头低。
3. 假如按照上图挂好加奶器，贴好导管后仍发生漏奶，可以先翻转瓶体，然后在导管这里向外吸一口空气，使瓶体内外液压平衡即可。

注意事项

1. 吸管长于乳头1～2mm，让婴儿吸吮乳头的时候含住吸管，保证婴儿可以喝到奶瓶里的代乳品。

2. 瓶盖出奶口与乳头在同一水平位置略低于乳头，可以防止婴儿呛咳，同时可以锻炼婴儿的吮吸能力。

3. 评估婴儿吸吮情况时，如果发现流速过慢吸吮困难，或流速过快可能呛到婴儿时，调节储奶瓶的位置或者更换不同尺寸的导管，以确保流速适中，婴儿易于控制。

4. 应先鼓励婴儿直接吸吮乳房，待乳房乳汁基本吸空后再让其吸到储奶瓶中的乳汁，有助于增加对乳房的吸吮刺激。

5. 如果使用配方奶粉，在其未充分溶解时可能堵塞导管，建议使用流量更大的管子。

6. 有些婴儿可能只吸导管，不吸乳房，这种情况下尝试缩短导管，不要让它超过乳头位置，或者更换导管位置，置于婴儿嘴角，然后逐渐撤离。

7. 乳旁加奶设备应该是短期使用的设备，一旦母亲乳汁分泌量增加就应该减少储奶瓶中的乳汁或配方奶的量，并逐步减少乳旁加奶设备的使用，逐渐转换至直接哺乳。

8. 如果是中断后重新开始母乳喂养、收养婴儿的母乳喂养或乳房切除手术后母乳喂养，乳旁加奶设备可能需要长期使用。

第七节　母乳的保存、解冻及加热（温奶）

一、母乳的保存

★ 储存容器

母亲可能在各种情况下需要保存母乳，虽然储存过程会对母乳的活性成分或者保护作用有一定的影响，但仍比配方奶好。就材质而言，母乳储存容器主要包括玻璃、储奶袋、聚乙烯（PE）、聚丙烯（PP）。

★ 各种材质优缺点比较（表2-1）

表2-1　各种材质优缺点比较

材质	优点	缺点
玻璃	易清洗	可能摔破
储奶袋	价格较低、预消毒、材质安全	易划破、脂肪和SIgA含量降低
聚乙烯	材质安全	不易装入或倒出母乳
聚丙烯	装取母乳操作方便 短期活细胞数量活性不降低	易有划痕、不易清洗，可以导致致病菌滋生 维生素C可能减少

对于健康足月儿而言，三种储乳容器均可作为储存容器，对于长期保存的母乳，可以选择使用玻璃、聚丙烯塑料瓶和双层膜设计的储奶袋。一般单层的聚乙烯储奶袋的保存时间建议不超过72小时。因为单层储奶袋较柔软单薄，乳汁倒入、倒出并冰冻后易划破，乳汁易渗漏，操作不当

则易于被污染。而双层的储奶袋能够较好地隔绝水分和氧气的渗透，并较好地保护冰冻母乳的抗氧化性物质，对于需要大量冰冻的情况，这种储奶袋更为经济方便。

★ 不同温度下的保存情况（表2-2）

表2-2　不同温度下的保存情况

母乳	室温	冰包	冰箱	冰柜
新吸出的母乳，置于密闭容器中	4小时（不高于26℃）如果条件允许则储存在冰箱内	24小时有冰排的密封保湿包（不高于15℃）	8天（不高于4℃）存放在冰箱最里面、温度最低的地方	冰箱冷藏室可存放2周 冰箱内单门冷冻柜存放3个月 深冻冰柜（－18℃以下）存放6～12个月
冷冻母乳移至冷藏但未加热的母乳	不超过4小时（即下次哺喂）	无法确定	冷藏24小时	不能再冰冻
40℃水解冻的母乳	哺喂	不能保存	4小时到下次哺喂时	不能冰冻
婴儿喝剩下的母乳	喝不完丢弃	丢弃	丢弃	丢弃

注意事项

1. 挤奶或吸乳前洗净双手、吸乳配件。

2. 储奶瓶预先清洗消毒或使用预消毒的储奶袋。

3. 储奶袋为一次性使用产品，由于不能重复清洗消毒故不可重复使用。

4．冰冻乳汁每份储存量一般不超过120mL，因为纯母乳喂养婴儿的每顿母乳量一般在60～120mL，为减少浪费，建议每份一般不超过120mL。

5．由于冰冻母乳冰冻后体积会增加，建议母乳容量不超过容器容量的3/4。

6．多次吸出的乳汁可以在冷藏至相同温度后合并，一般建议吸出后冷藏1小时后合并，不可将新鲜母乳和冰冻的母乳合并。

7．母乳冷藏后会分层，这是正常现象。加温时轻轻混匀即可，应避免剧烈摇晃导致成分破坏。

二、母乳的解冻及加热（温奶）

★ 物品准备

无菌奶瓶、无菌奶嘴、无菌奶嘴盖、冰箱冷藏室内的母乳、无菌镊子。

★ 操作步骤

1．洗手。

2．冷冻过的母乳可放在冷藏室过夜解冻或用流动的凉水解冻。

3．将解冻的母乳倒于奶瓶内，用镊子夹奶嘴，套上奶瓶，盖上奶嘴盖。

4．将奶瓶放置于温奶器中，调至40℃加温，奶温38～39℃。如果没有温奶器则放置于不超过50℃的热水中隔水加热5～10分钟。

5．母乳冷藏后会分层，这是正常现象，加温时轻轻混匀即可，应避免剧烈摇晃。

注意事项

1．解冻过的母乳不得再次放入冰箱内冰冻。

2．不要用以下方法加热母乳。

（1）使用微波炉解冻或加热。

（2）在沸腾的水中加热，这样会使母乳凝固。

（3）置于常温室温下直至融化。

第八节　乳头十字操、乳头矫正器械的使用

一、乳头十字操

★ 应用范围

用于乳头扁平或凹陷的处理。

★ 操作步骤

1．首先将两拇指平行地放在乳头两侧，然后慢慢地将乳头向两侧外方拉开，牵拉乳晕皮肤及皮下组织，使乳头向外突出（图2–40、图2–41）。

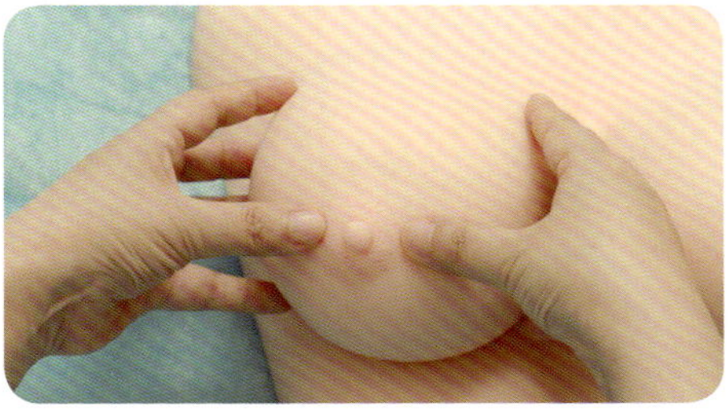

图2–40　乳头十字操1

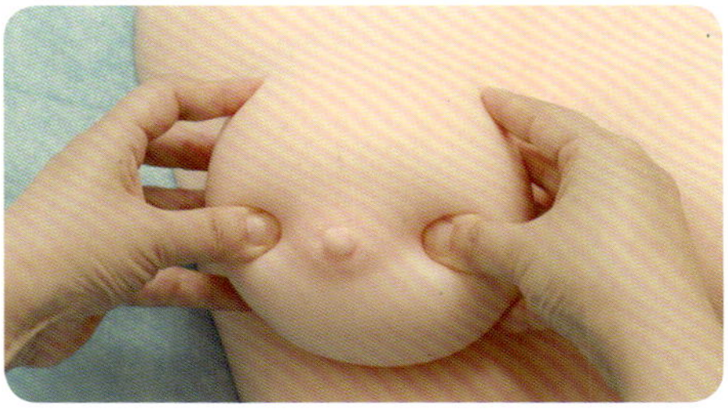

图2–41　乳头十字操2

2．接着，两拇指分别放在乳头上、下侧，将乳头向上、下纵行拉开（图2–42、图2–43）。

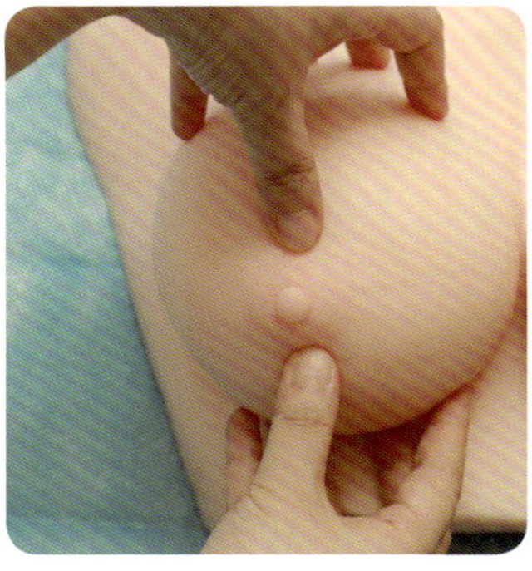

图2–42　乳头十字操3

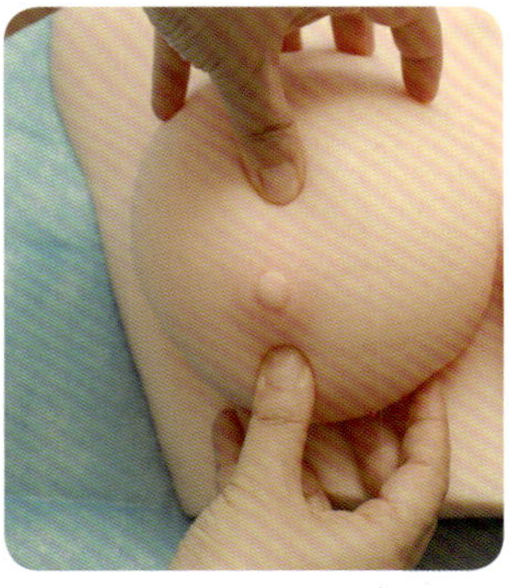

图2–43　乳头十字操4

第二章　母乳及人工喂养操作技能

这两个步骤重复多次，每次练习持续5分钟，可使乳头突出。

★ 应用时机

1．可在哺乳前应用，使乳头突出后进行哺乳。

2．也可于哺乳期平时矫正乳头扁平或凹陷时应用。

3．妊娠期使用须在37周后进行。

二、乳头牵引器

★ 应用范围

用于乳头扁平或凹陷的处理。

★ 操作步骤

1．捏紧泵头，对紧乳头吸上去，吸紧后放开手即可吸住乳头（图2-44、图2-45）。

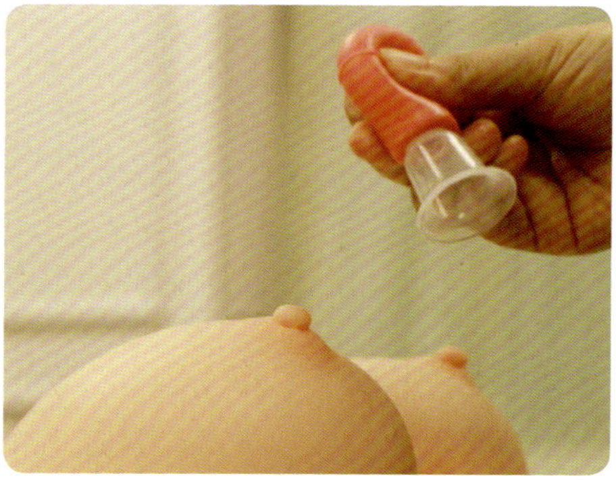

图2-44　乳头牵引器使用1

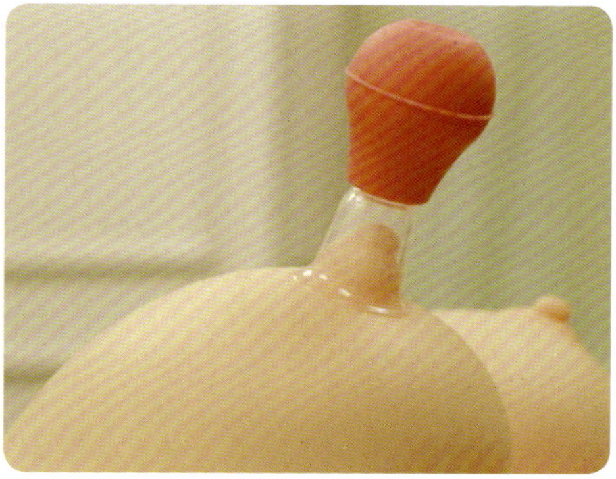

图2-45　乳头牵引器使用2

2．停留15～30秒，取下牵引器。

3．轻柔按摩乳头几下，再重复上述动作。

★ 应用时机

1. 可在哺乳前应用，使乳头突出后进行哺乳。

2. 也可于哺乳期平时矫正乳头扁平或凹陷时应用。

3. 妊娠期使用须在37周后进行。

注意事项

1. 初次使用次数先少后多，力度以舒适为宜。

2. 每次矫正3～5分钟。

3. 可先涂抹少许滋润霜，矫正效果更佳。

三、乳头矫正器

★ 应用范围

用于乳头扁平或凹陷的处理。

★ 操作步骤

1. 通风孔朝上放置，硅胶薄片洞口中央对准乳头放置压迫乳晕，帮助乳头突出（图2–46至图2–49）。

2. 将乳头保护罩穿戴在哺乳文胸中（图2–50）。

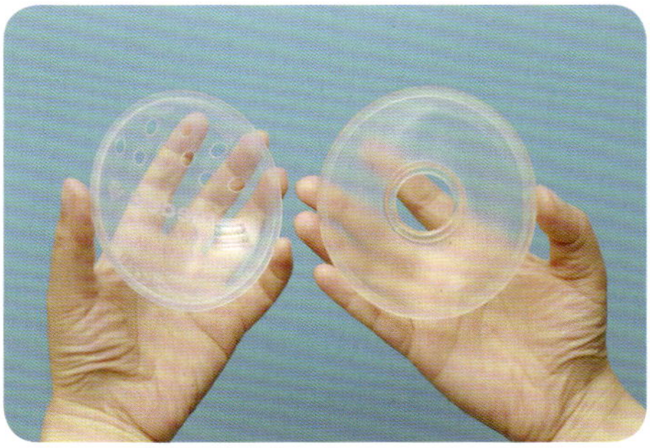

图2–46　乳头矫正器使用1

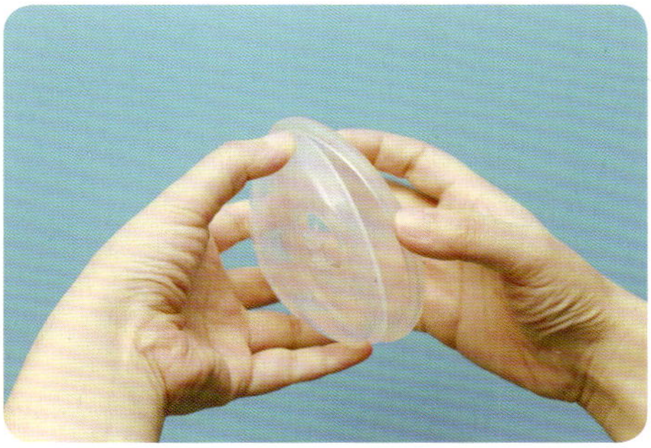

图2–47　乳头矫正器使用2

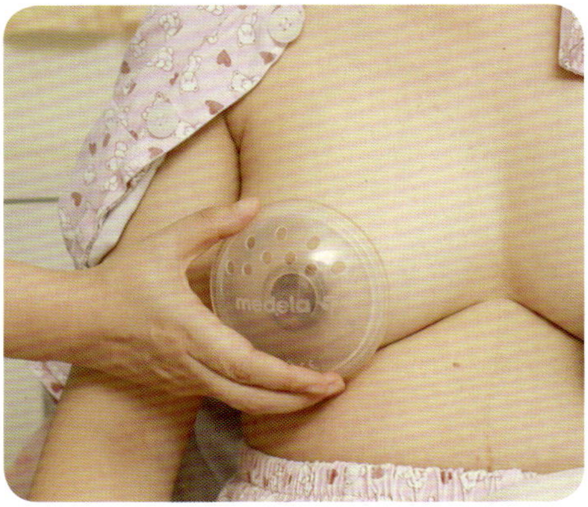

图2-48　乳头矫正器使用3

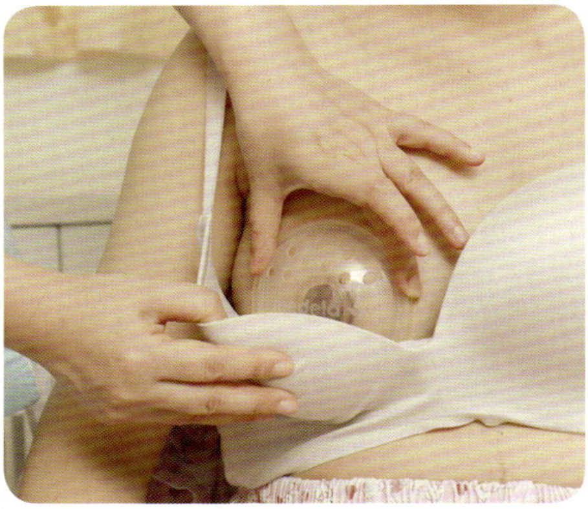

图2-49　乳头矫正器使用4

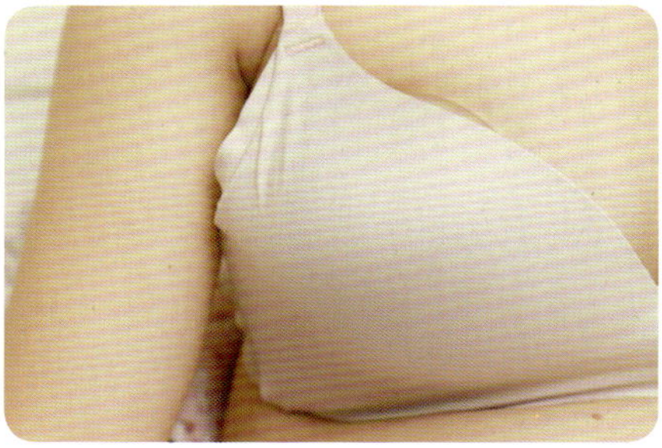

图2-50　乳头矫正器使用5

注意事项

1．最初使用时约戴1小时，佩戴时间可以逐渐延长至每天最多8小时。

2．夜晚最好不使用。

四、乳头护罩

乳头护罩，又叫乳盾或乳贴。须根据乳头直径大小选择一款较为贴合的尺寸（表2-3）。

表2-3　选择贴合尺寸的乳头护罩

乳头宽度大小 / mm	乳头护罩号码 / 号
<16	小
16 ~ 20	中
20 ~ 24	大

★ 应用范围

1. 乳头扁平、凹陷（尤其在应用其他方法效果不佳时）。
2. 母亲乳头皲裂或疼痛。
3. 婴儿不能有效含接吸吮时。
4. 早产儿或病患儿不能长时间维持含接姿势等。

★ 使用步骤

1. 洗手。

2. 清洗干净乳头护罩，并用热水浸泡少许时间，使乳头护罩处于温热状态。

3. 用少许水或乳汁湿润护罩内侧面，护罩缺口部分面对婴儿鼻孔处，将乳头护罩的侧翼和奶嘴部分翻过1/3到1/2，用力拉住侧翼，使奶嘴基部略有拉伸（图2-51、图2-52），用一手的中指堵住奶嘴顶端的出乳孔（图2-53、图2-54），然后佩戴到乳头和乳晕上，松开侧翼使其贴服在乳房上，此时乳头应深入护罩的奶嘴部分（图2-55）。

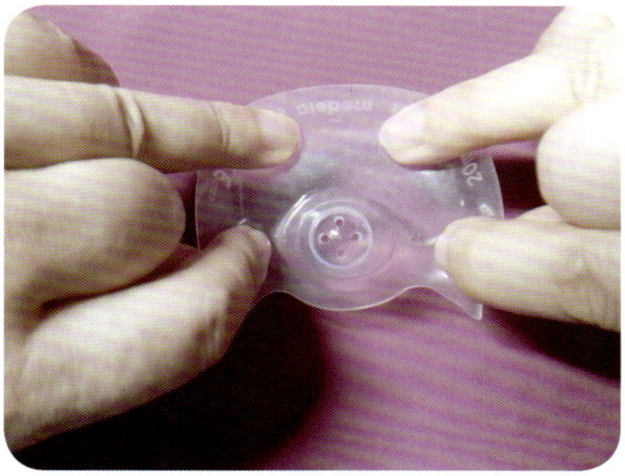

图2-51　乳头护罩使用1

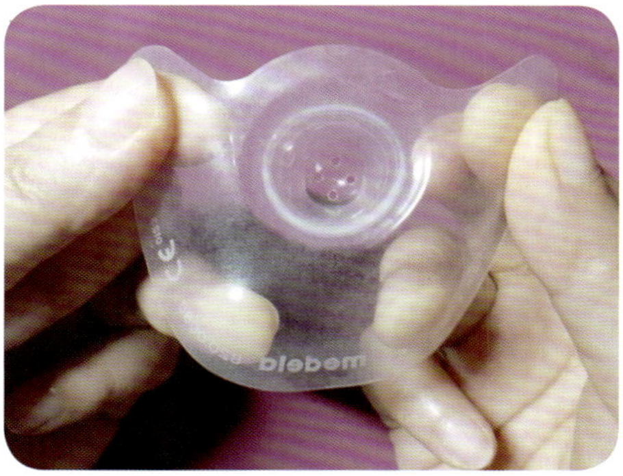

图2-52　乳头护罩使用2

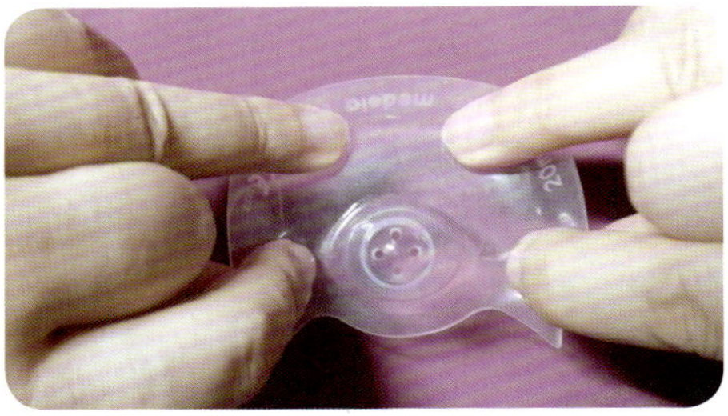

图2-53　乳头护罩使用3

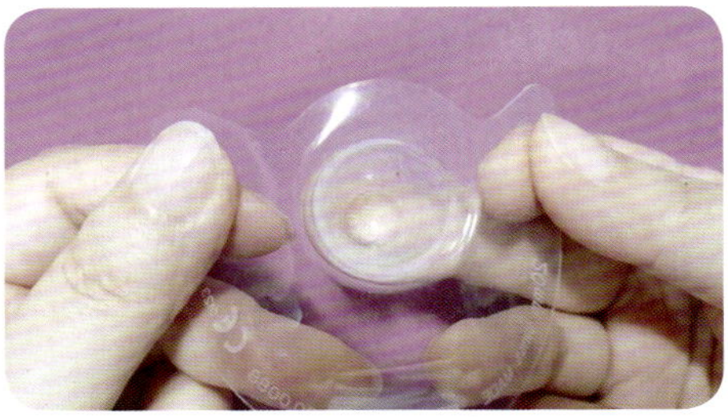

图2-54　乳头护罩使用4

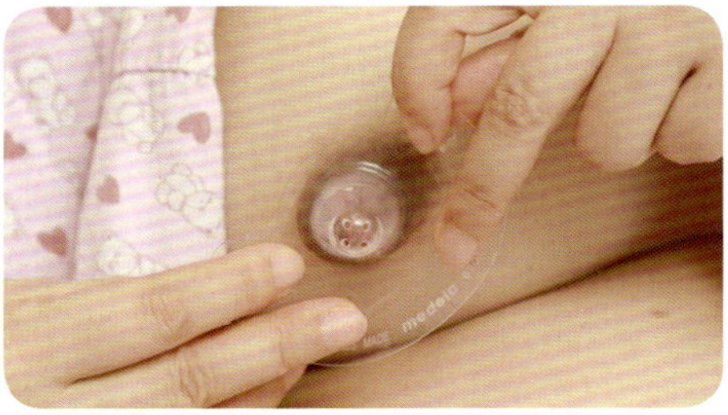

图2-55　乳头护罩使用5

注意事项

1．如果哺乳时母亲感觉疼痛，检查是否乳头未深入护罩的奶嘴部分或是乳头护罩过小导致，并予以纠正。

2．如果母亲同时存在泌乳不足，需要乳旁加奶，可以将乳旁加奶管和乳头护罩配合使用。

3．乳头扁平凹陷时，经过数分钟婴儿用力吸吮，乳头扁平凹陷可能有所改善，可以迅速拿下乳头护罩，尝试直接哺乳。

★ 清洁方法

1．在第一次使用前热水煮沸消毒10分钟。

2．每次使用完毕后用冷水冲干净去除蛋白质残留，挤一滴清洗剂在保护罩上使用热水清洗，再用清洁的水冲干净，毛巾擦干，保存于容器里直到下次使用。

第九节 配　　奶

配奶包括人工配奶和智能配奶机配奶

一、人工配奶

★ 准备

（一）物品准备

奶粉1罐、奶粉量匙1个、干净镊子（或奶瓶夹）1个、无菌奶瓶1个、 干净抹布1块、温开水适量（将清水煮沸5～10分钟后再冷却至40～60℃备用）。

（二）环境准备

擦净桌面，保持清洁。

（三）操作者准备

洗手，修剪指甲，不要佩戴首饰。

★ 操作步骤

1．检查奶粉的分段、是否在保质期（开罐后1个月内）、冲调比例等。

2．组装奶瓶。

3．将正确分量的温水（按照说明）倒入已消毒的奶瓶中。

4．用奶粉罐内配置的专用量勺取适量奶粉（按照说明）倒入奶瓶中。

5．双手搓奶瓶直至奶粉完全溶解，搓好瓶的目的是避免产生泡沫。

注意事项

1．配奶时，要先向奶瓶中倒入温水，再加入奶粉摇匀。

2．注意清洁，避免污染。

二、智能配奶机配奶

★ 优点

操作简单快速，配比精准，均匀搅拌。

★ 结构

奶粉盒、可拆卸水箱、可拆卸混合仓、控制面板、移动托盆。

★ 使用步骤

1．将奶粉倒入密封粉盒（容量400mL）。

2．将凉白开水倒入水箱（容量1 500mL）。

3．在控制面板上或App（手机软件）上一键配奶（二者可单独使用）。

第十节　人工喂养法

★ 种类

奶瓶喂养法、滴管喂养法、口杯喂养法。

★ 物品准备

清洁的小毛巾或面巾纸、温热的奶、尿布。

一、奶瓶喂养法

★ 操作步骤

1. 检查婴儿尿布，必要时予以更换。

2. 洗手。

3. 检查奶的温度（滴少许奶于手背上试温），并注意奶嘴孔大小（图2-56）。

4. 将小毛巾或面巾纸垫在婴儿颈部。

5. 抱起婴儿，倾斜奶瓶使奶充满整个奶嘴（图2-57），再放在婴儿舌上，即开始喂食。

6. 喂食中可轻轻移动奶瓶，以刺激吸吮。

7. 喂食中随时用小毛巾或面巾纸擦拭婴儿嘴边溢出的奶。

8. 喂食中随时观察婴儿的呼吸、面色、有无呛咳等异常情况。

9. 喂食完毕后拍背以驱尽胃内空气。

10. 将婴儿放回婴儿床，取右侧卧位，避免婴儿溢奶后窒息。

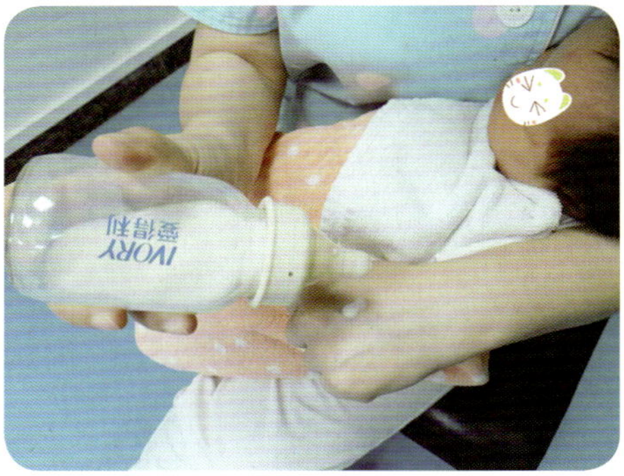

图2-56　试奶温

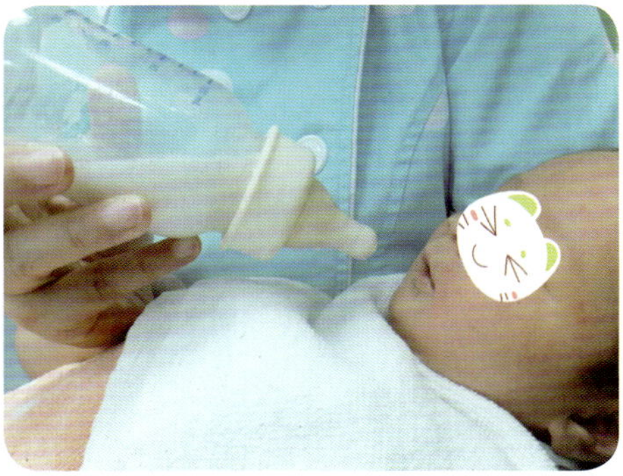
图2-57　倾斜奶瓶使奶充满整个奶嘴

11．整理用物，洗手。

12．记录婴儿喂奶情况，有无大小便及其他异常情况。

注意事项

1．奶瓶须经消毒后方可使用。

2．奶嘴孔不宜过小或过大。

二、滴管喂养法

目的

帮助不能吸吮的新生儿获得足够热量。

★ 操作步骤

1．检查新生儿尿布，必要时予以更换。

2．洗手。

3．将小毛巾或面巾纸垫在新生儿颈部。

4．抱起婴儿，用滴管顺嘴角将奶滴入口中。

5．其他步骤同奶瓶喂养法7～12步。

注意事项

喂奶过程中使新生儿舒适，在吸吮时顺嘴角滴奶，喂奶中避免新生儿呛咳。

三、口杯喂养法

★ 操作步骤

1．检查婴儿尿布，必要时予以更换。

2．适当包裹婴儿（避免打翻喂杯或使杯中液体倾洒）。

3．洗手。

4．检查奶的温度（倒几滴奶于手背上试温）。

5．使婴儿保持竖立坐姿，并提供适当支撑（图2–58）。

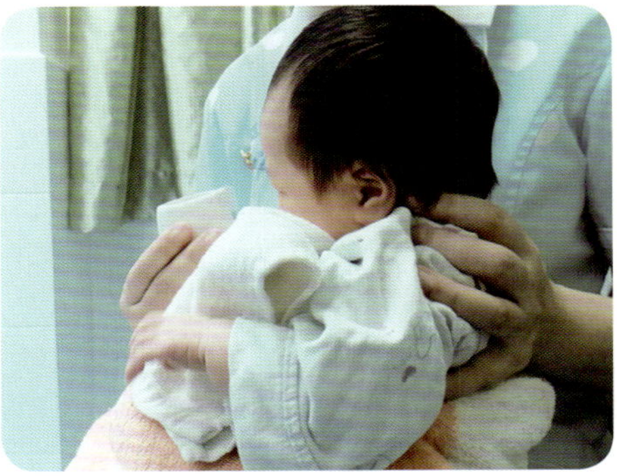

图2–58　竖立坐姿

6．将小毛巾或面巾纸垫在婴儿颈部。

7．喂杯中液体半满。

8．喂杯边缘轻靠在婴儿下唇边，不可将乳汁灌入婴儿口中（图2–59）。

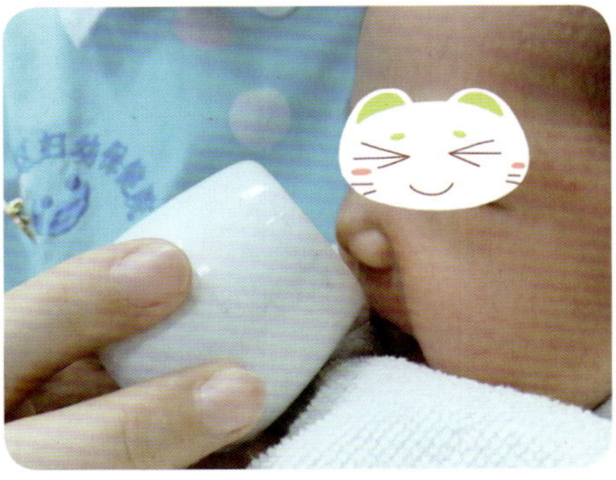

图2–59　喂杯边缘轻靠在下唇边

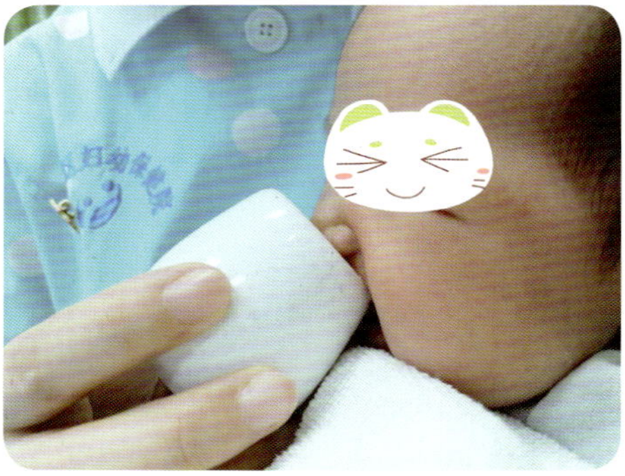
图2-60　喂杯朝向上唇和牙龈

9．稍倾斜喂杯使乳汁接触婴儿嘴唇，杯口朝向上唇和牙龈（图2-60）。

10．婴儿下颌降低，少量液体将流入婴儿口中并吞咽。

11．其他步骤同奶瓶喂养法7～12步。

注意事项

1．不要将奶倒入婴儿口中，避免呛咳。

2．喂食过程中始终保持喂杯正确的位置。

3．婴儿摄食过程中暂时休息时，喂杯应该仍停留在婴儿下唇处。

第十一节　奶瓶的清洗和消毒

★ 奶瓶的结构

奶瓶盖帽、奶嘴、奶瓶盖、奶瓶盖片、奶瓶。

★ 物品准备

奶瓶、奶嘴、奶瓶刷、长镊子（或奶瓶夹）、托盆、清洗液、消毒锅（或奶瓶消毒器、消毒碗柜）。

★ 操作者准备

洗手。

★ 操作步骤

1. 将奶瓶的所有可拆卸配件都拆卸下来。

2. 如果奶瓶内有余奶则倒掉。

3. 用大奶刷在流动水下清洗奶瓶内部、外面、底部、螺纹口，再冲洗干净。

4. 用小奶刷在流动水下清洗奶嘴。如果奶嘴内油腻物较多，则要将奶嘴翻转过来，用清洗液清洗干净，再用流动水冲洗干净。

5. 用小奶刷将奶瓶盖、奶瓶盖帽在流动水下清洗干净。

6. 将清洗好的奶具放入消毒锅内，要放入足量的水以使所有奶具均浸没在水中。

7．水沸开始消毒15～30分钟。（注：也可以将清洗好的奶具放入奶瓶消毒器、消毒碗柜等进行消毒。）

8．以长镊子或奶瓶夹将所有奶具取出放入干净的容器备用。

第三章

提高智能及增强体质训练

第一节　婴儿游泳

定义

婴儿游泳是指12个月内的婴儿（尤其是1个月内的新生儿），在特殊的安全装置保护下，被放入特定的水质和水温的水中，由经过专门培训的人员操作和看护，按照一定的规范进行的一项婴儿自主运动。婴儿游泳是出生后4小时即可以进行的一项特定的、阶段性的人类水中早期保健活动。

★ 益处

1. 促进婴儿的大脑发育，提早开发智力、情商。
2. 促进骨骼、肌肉生长。
3. 增进食欲。
4. 增加心肺功能。
5. 建立良好的睡眠习惯。
6. 加快自身免疫功能的建立，提高抗病能力。

★ 适应证

1. 足月正常分娩的新生儿、剖宫产新生儿，无窒息史。
2. 早产儿、低体重儿的体重大于2 000克，孕周大于34周无并发症者。
3. 缺血缺氧性脑病及各种原因引起的脑损伤，经治疗病情稳定后的康复训练者。
4. 佝偻病及新生儿疾病（3个月内小婴儿疾病）的后期康复治疗者。

5．新生儿、婴儿营养性疾病（轻度缺铁性贫血、阶段性营养不良）者等。

★ 禁忌证

1．脐部感染的新生儿。

2．有宫外窒息史，Apgar氏评分≤8分，NBNA（新生儿神经行为测定）≤36分的新生儿。

3．体弱儿，体重小于2 000克、胎龄小于34周的早产儿。

4．先天性畸形的患儿。

5．心肺功能不良的患儿。

6．正在患其他严重疾病，新生儿患合并症，正在治疗者。

7．患有癫痫病的婴儿。

★ 环境及物品准备

1．室温28℃。

2．水池准备：放水袋入池中，加入温水，水温为38～40℃，水深为30～40cm（水深以婴儿足不触及池底为准）。

3．选择与婴儿相匹配的泳圈型号。检查泳圈有无破损，保险扣是否牢固。双气囊各充气90%，检查有无漏气。

4．新生儿脐贴、棉枝、酒精、大毛巾、尿布、衣物、包被等。

★ 游泳时间选择

最好选择吃奶后1小时进行，每天1～2次，每次10～20分钟。

★ 操作人员准备

不要佩戴首饰，修剪指甲，洗手。

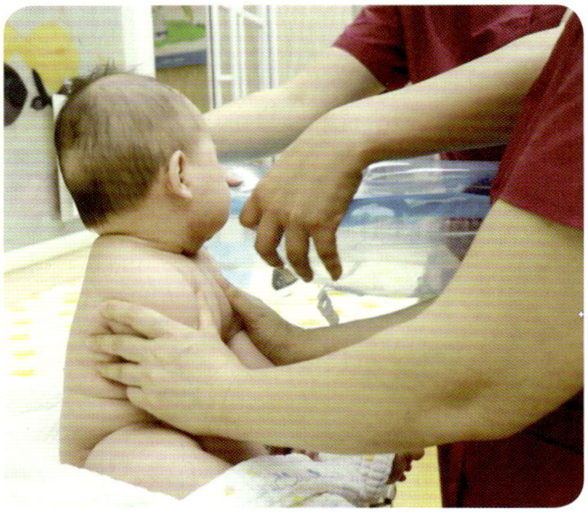
图3-1　套泳圈1

★操作步骤

1．给婴儿脱衣服，贴好脐带防水贴（脐带未脱落者）。

2．给婴儿套泳圈：双人操作，一操作者扶住婴儿，另一操作者从前往后将泳圈套入婴儿颈部，扣好双重保险粘贴，检查婴儿下颌部是否垫托在预设位置，下巴要置于其槽内（图3-1至图3-5）。

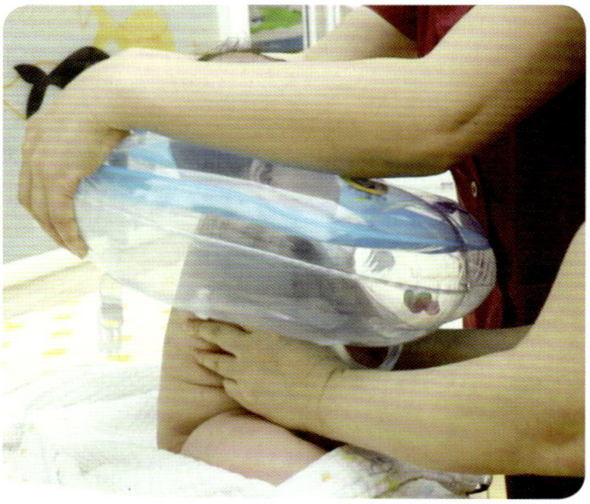
图3-2　套泳圈2

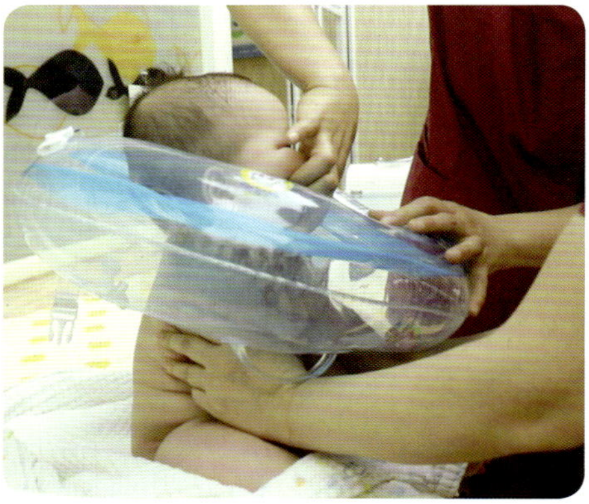
图3-3　套泳圈3

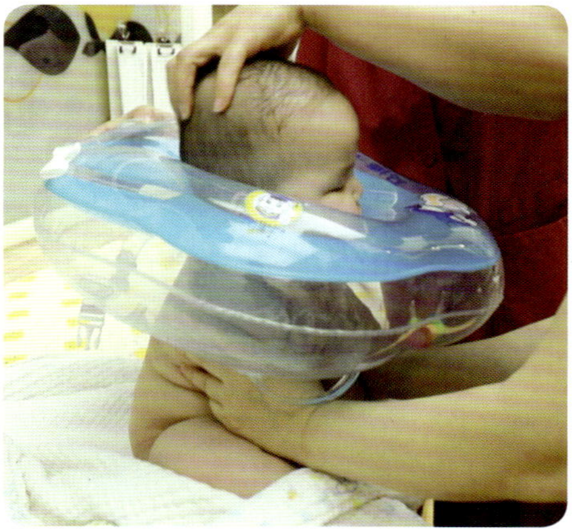
图3-4　套泳圈4

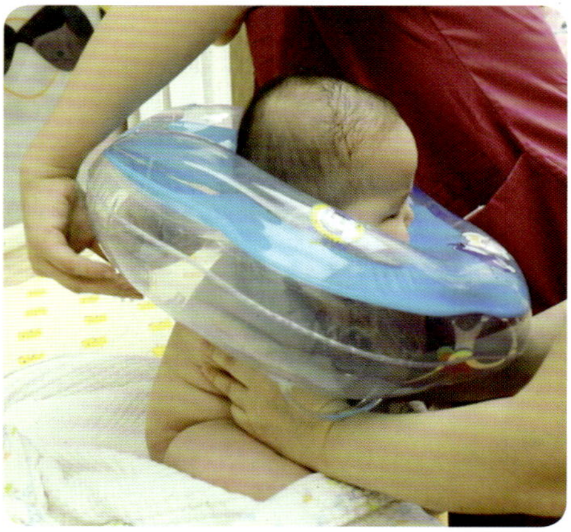
图3-5　套泳圈5

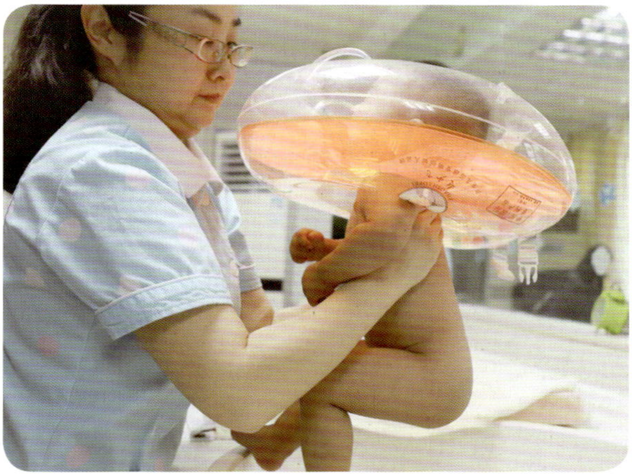

图3-6　入水

3．操作者一手托婴儿颈背，一手托婴儿双小腿，使婴儿的臀部先接触水，观察婴儿的反应，缓慢入水（如婴儿较大则双手置于双腋下托起婴儿，使婴儿双足先接触水，其余步骤同前）（图3-6）。

4．不停地与婴儿进行交流，给予鼓励、支持。

5．协助婴儿做肢体伸展活动，轻柔地给予抚触。

（1）肩关节外展、内收30°（图3-7、图3-8）。

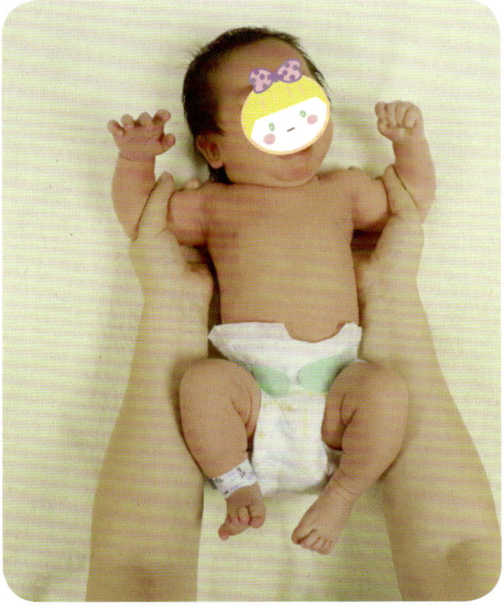

图3-7　肩关节外展

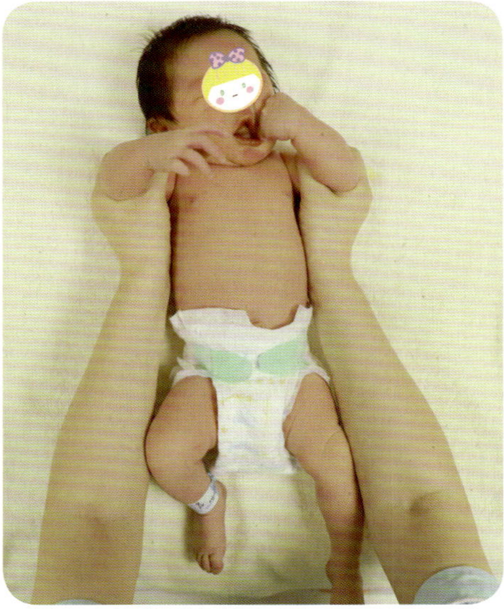

图3-8　肩关节内收

（2）肘关节屈伸90°（图3-9、图3-10）。

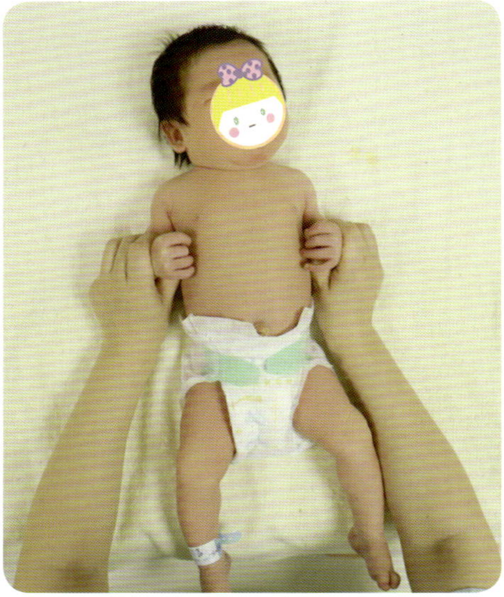

图3-9　肘关节屈

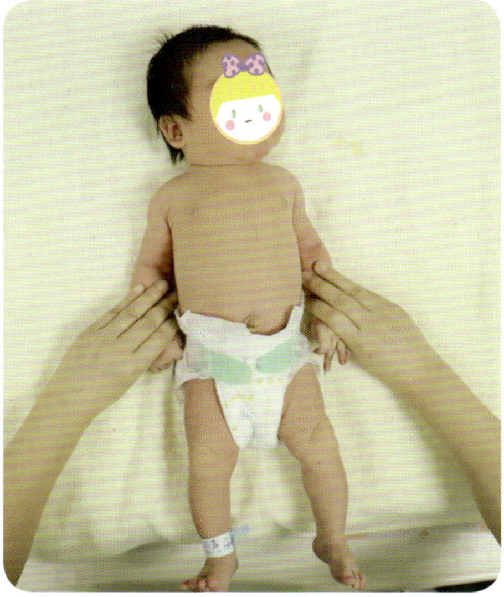

图3-10　肘关节伸

（3）髋关节外展、内收40°（图3-11、图3-12）。

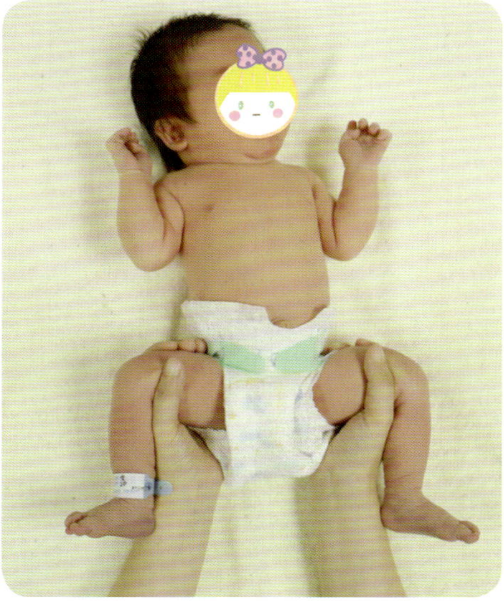

图3-11　髋关节外展

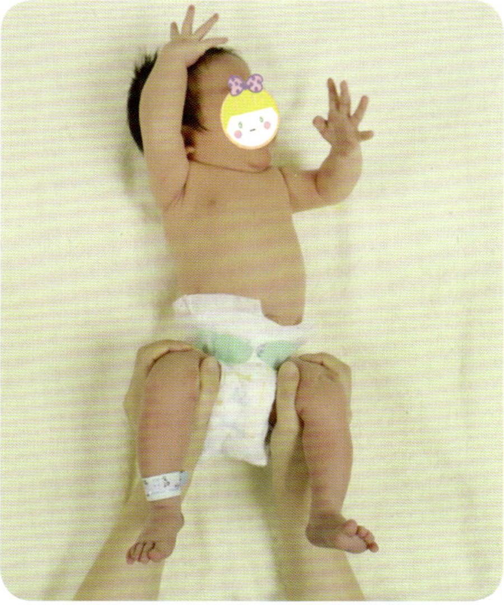

图3-12　髋关节内收

（4）膝关节屈伸90°（图3-13、图3-14）。

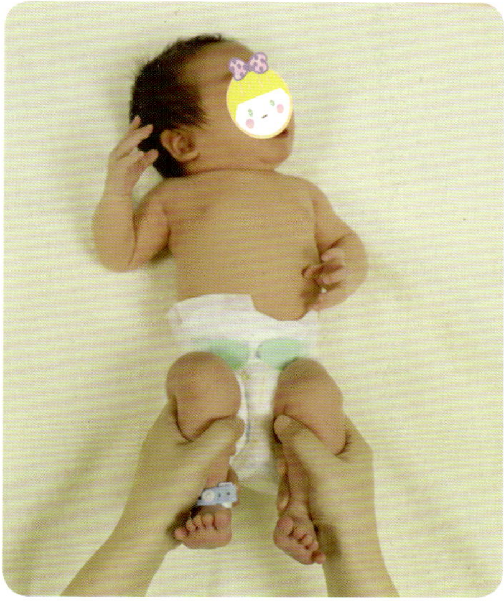

图3-13　膝关节屈

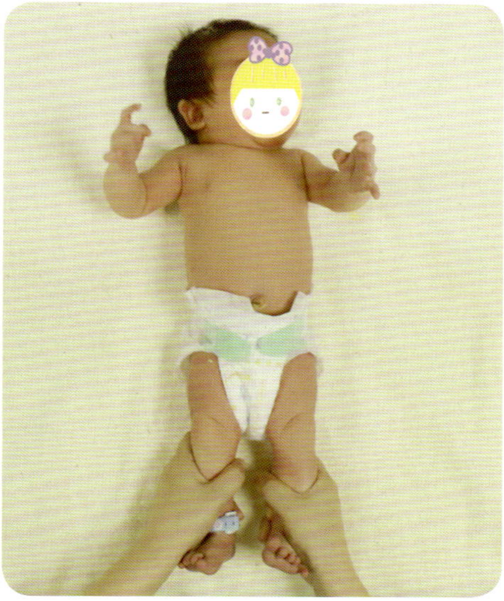

图3-14　膝关节伸

（5）踝关节屈伸40°（图3-15、图3-16）。

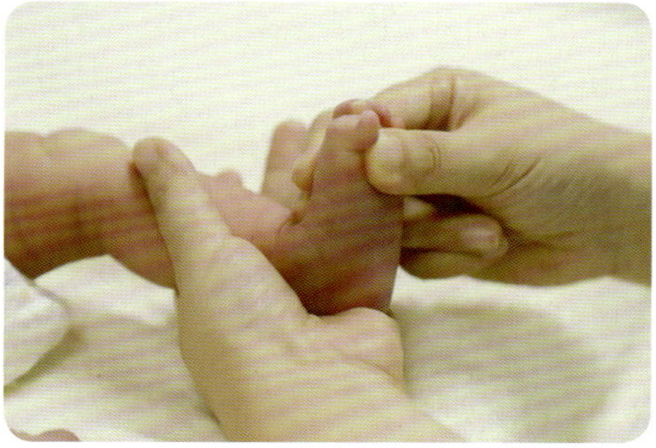

图3-15　踝关节屈

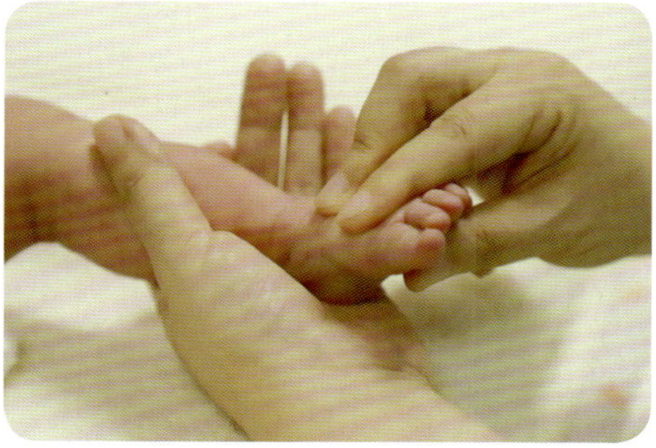

图3-16　踝关节伸

（6）给四肢从上向下进行轻柔地抚触。

（7）放松运动：操作者双手在水里摆动，使水产生波浪，让婴儿自由活动。

6. 双手抱住婴儿躯干（可以按照入水的方式）离开水池。

7．取下泳圈：双人操作，一操作者扶住婴儿，另一操作者取下泳圈。

8．擦干身体，注意保暖。

9．取下护脐贴，以酒精消毒脐部两次。

10．垫尿布，穿好衣裤、包被。

注意事项

1．操作必须由专人全程监护。

2．给婴儿套泳圈和取泳圈时须双人操作以确保安全。

3．出生10天内的新生儿必须贴防水脐贴。

4．如在医院或月子中心等场所必须做到一人一袋一池水，游泳后用75%酒精对泳圈进行擦拭消毒，以避免交叉感染。

5．游泳中有发绀、呼吸异常及时停止。

6．男孩不宜在38℃以上的温水中浸泡超过15分钟，避免造成生殖器的损伤。

第二节 婴儿抚触

原理

通过抚触者双手，对被抚触者的皮肤进行有次序的、有手法技巧的科学抚触，让大量温和的良好刺激通过皮肤传到中枢神经系统，以产生积极的生理效应。

★ 益处

1. 促进婴儿生长发育。
2. 提高婴儿抗病能力，促进疾病儿童的康复。
3. 促进食物消化吸收。
4. 促进婴儿正常睡眠节律的建立，减少不良睡眠习惯的形成，减少哭闹。
5. 促进亲子感情交流。
6. 抚触不仅是皮肤的接触，而且是视觉、听觉、触觉、动觉、平衡觉的综合信息的传递。
7. 有利于婴儿智力的发育。

★ 准备

房间：室温26～28℃以上，宁静，播放一些柔和的音乐。

物品准备：毛巾、尿片、换洗的衣物、润肤油、湿纸巾。

抚触者：双手温暖、指甲短于指端，抚触时用适量润肤油（油倒在

操作者手上，不要倒在婴儿身上）。

★ 抚触时间选择

1．沐浴前后均可，午睡及晚上睡觉前。

2．两次进食中间。

3．婴儿不疲倦、不饥饿、不烦躁。

4．婴儿清醒时。

5．每次10～20分钟，每天3次；每个动作可做6～8次。

★ 操作手法

1．用双手拇指从婴儿前额中心处往外推压。

2．从婴儿下颌部中央开始用双手拇指推压向耳前划出一个“微笑”状。

3．两手从婴儿前额发际处抚向脑后，最后两中指分别停在耳后。

4．双手放在婴儿两侧肋缘，右手向右斜上方滑向婴儿右肩，左手以同样方法进行（避开乳头）（图3–17、图3–18）。

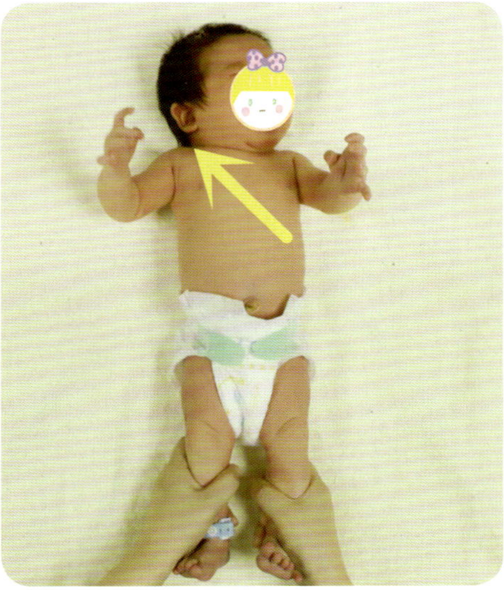

图3–17　抚触胸部1

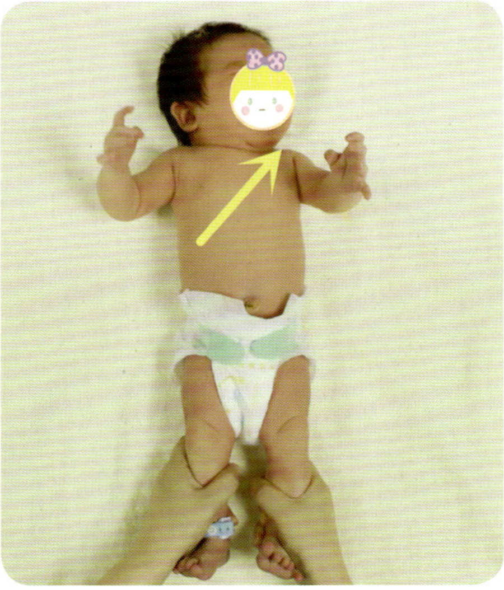

图3–18　抚触胸部2

5．两手依次从婴儿的右下腹向上腹再向左下腹移动，呈顺时针方向划半圆；也可以用右手在婴儿左腹由上至下画一个英文字母“I”（图3–19），由右至左画一个倒“L”（图3–20），由右至左画一个倒写的“U”（图3–21）。

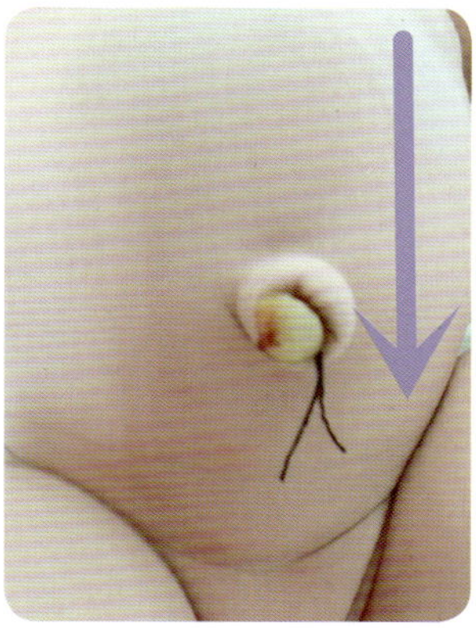

图3–19　腹部按摩方法1

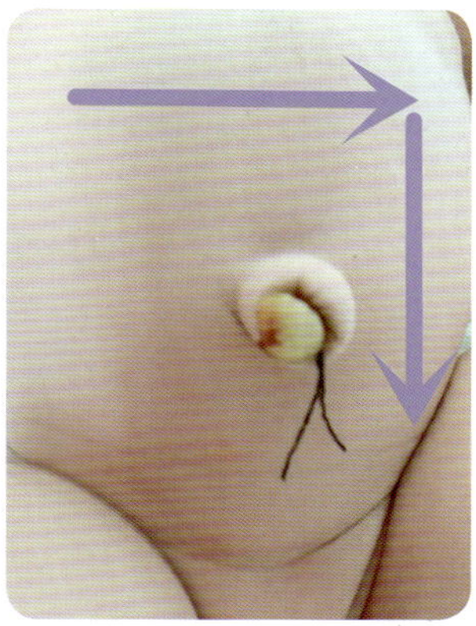

图3–20　腹部按摩方法2

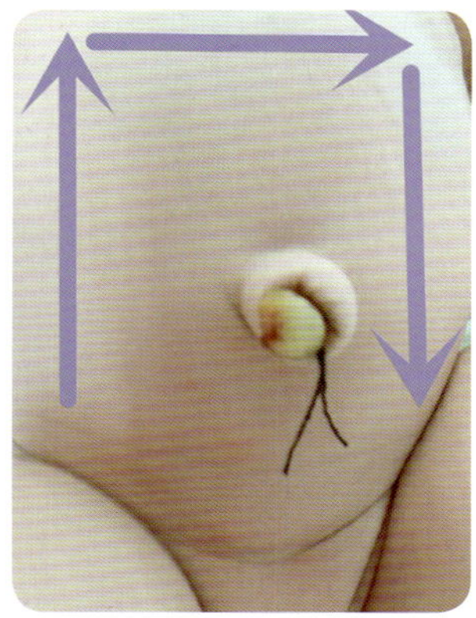

图3–21　腹部按摩方法3

6．两手抓住婴儿的胳膊，交替从上臂至手腕轻轻挤捏，然后从上至下搓揉。

7．用两拇指指腹从婴儿手腕部向掌根方向推进，捻揉各手指并拔伸。

8．下肢抚触方法同上肢。

9．帮婴儿翻身（左手拇指与其他手指分开放在婴儿的下颌处固定，掌根部放在婴儿胸部支撑，右手伸到婴儿背部托住婴儿头枕部、颈部及背部，两手同时用力将婴儿略抬起后逆时针翻转趴下，如果婴儿的右手被压在胸下则将其拉出）。

10．以婴儿脊椎为中分线，双手与婴儿脊椎成直角往相反方向重复移动双手，从婴儿背部上端开始移往臀部，再回肩部。

11．两手交替从婴儿额部向下按摩至骶尾部。

12．帮婴儿翻身（动作同前，只是顺时针翻转）。

第三节　婴儿被动操

肢体被动操作用

1．增强肌肉力量和关节活动度。

2．使体格强壮。

3．促进大脑的发育。

一、0～1个月婴儿肢体被动操

★ 操作手法

1．上肢：两手握住婴儿腕部，先平伸、再屈曲、再平伸、最后放下。做4次2个8拍（图3–22至图3–25）。

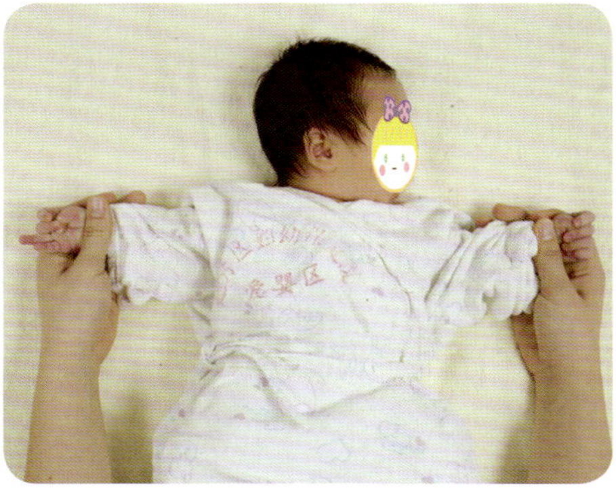

图3–22　上肢动作1

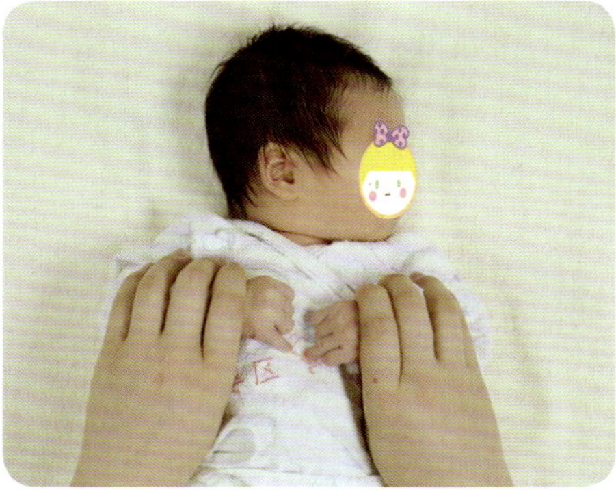

图3–23　上肢动作2

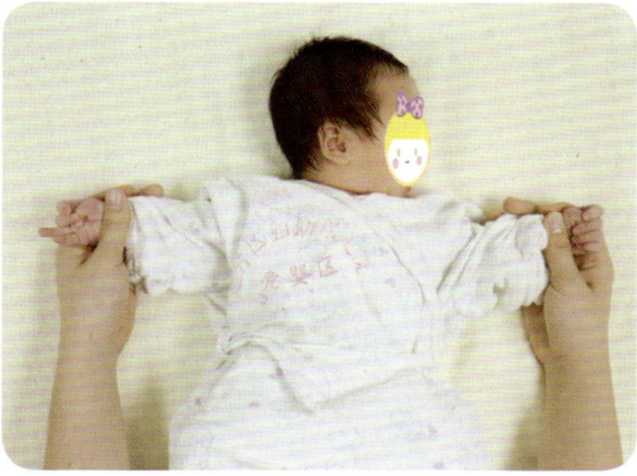

图3-24　上肢动作3

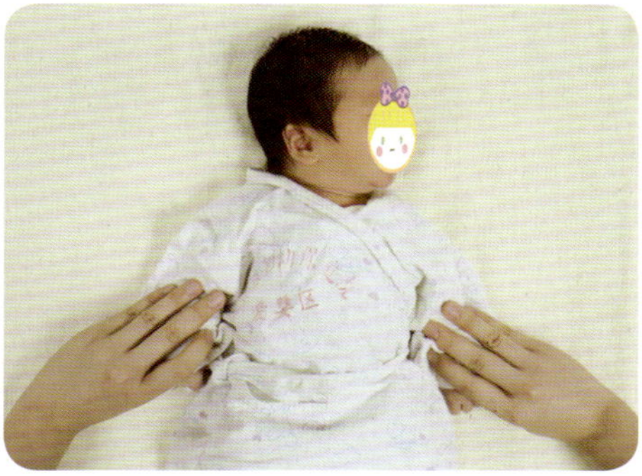

图3-25　上肢动作4

2．下肢：两手握住婴儿踝部，向上弯曲，然后伸展，两下肢轮流交替进行。做4次2个8拍（图3-26至图3-30）。

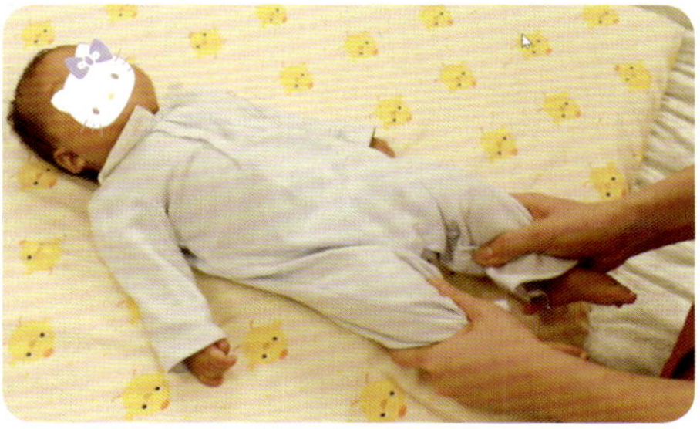

图3-26 下肢动作1

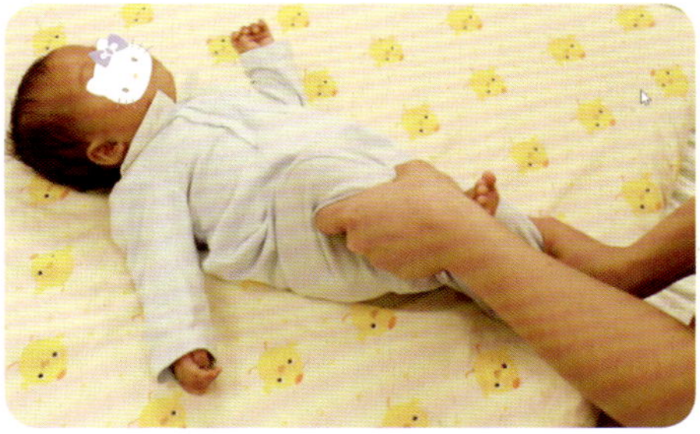

图3-27下肢动作2

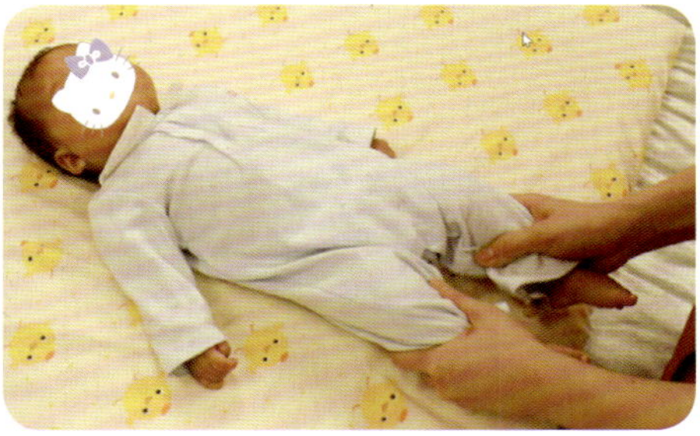

图3-28　下肢动作3

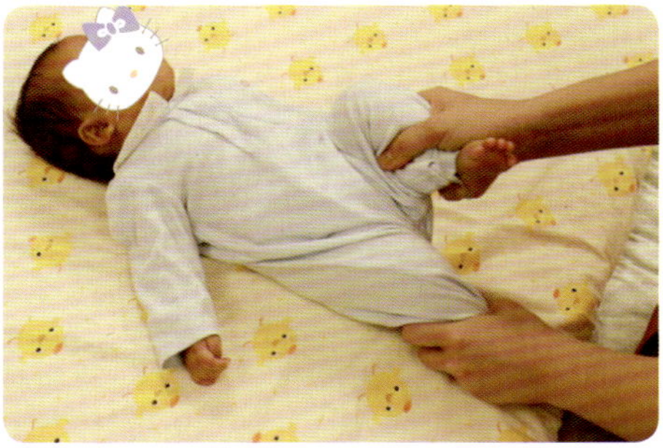

图3-29　下肢动作4

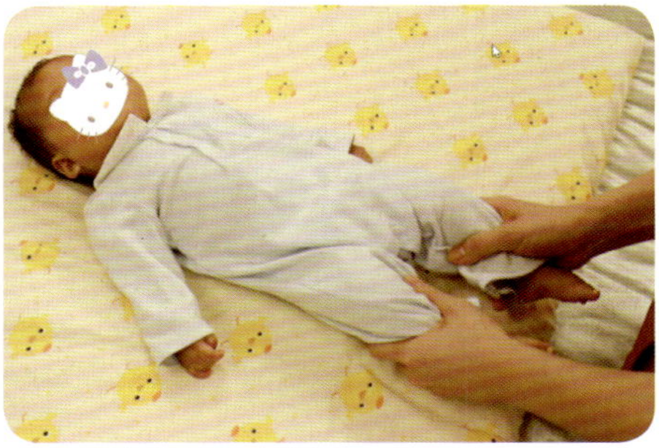

图3-30　下肢动作5

注意事项

1. 将婴儿放在铺着垫子或毛巾的床或台面上。
2. 操作者动作轻柔，注意婴儿关节的保护。

二、1～3个月婴儿肢体被动操

★ 准备活动

1. 上肢：双手从婴儿的手腕向上按摩4下共8拍。
2. 胸部按摩4下共2个8拍。
3. 下肢：从婴儿的脚踝向上按摩4下共8拍。
4. 腹部按摩4下2个8拍。

★ 操作手法

1. 将婴儿上肢平伸，再屈曲，然后上举，最后放下，做4次2个8拍（图3–31至图3–34）。

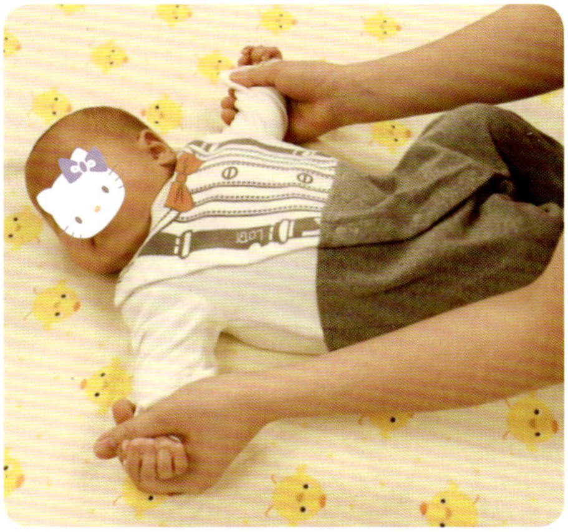

图3–31　上肢动作1

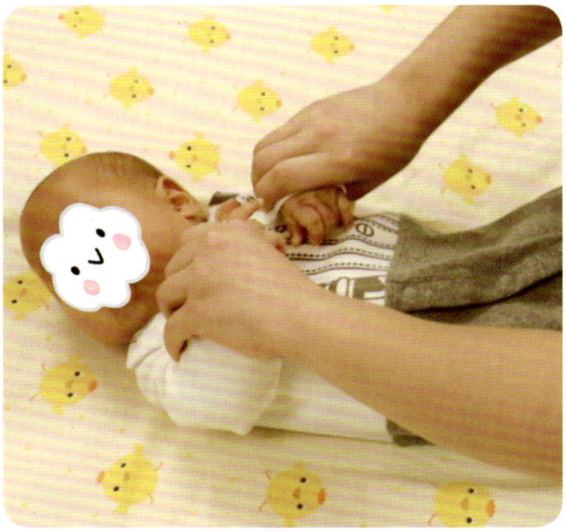

图3–32　上肢动作2

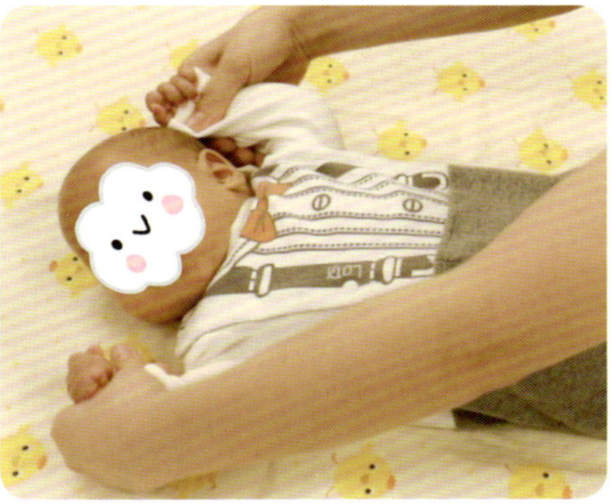

图3-33 上肢动作3

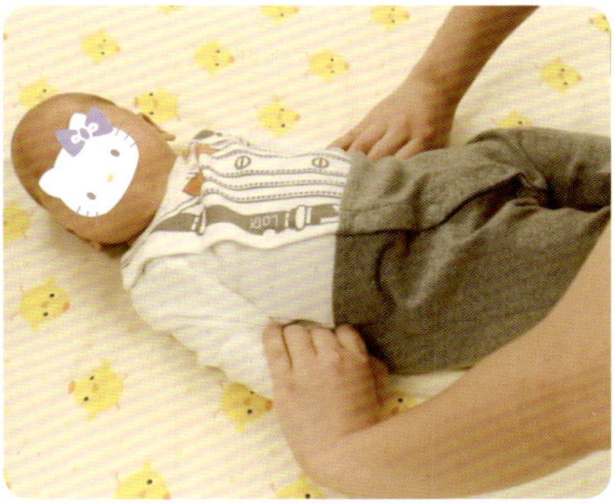

图3-34 上肢动作4

2. 将婴儿上肢先平伸，再在胸前交叉（一次左手在上，另一次右手在上），然后平伸，最后放下，做4次2个8拍（图3-35至图3-42）。

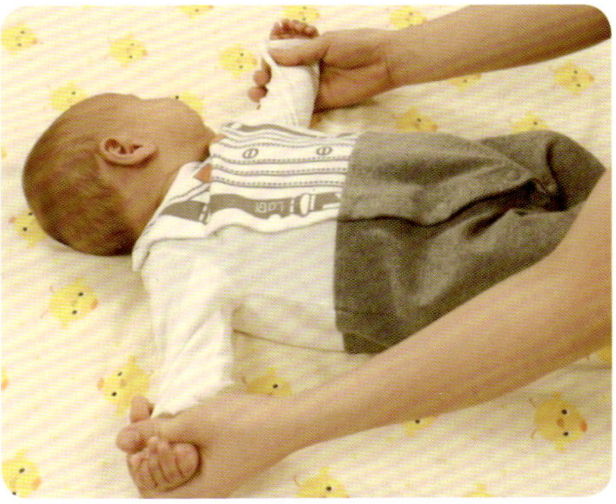

图3-35 上肢动作5

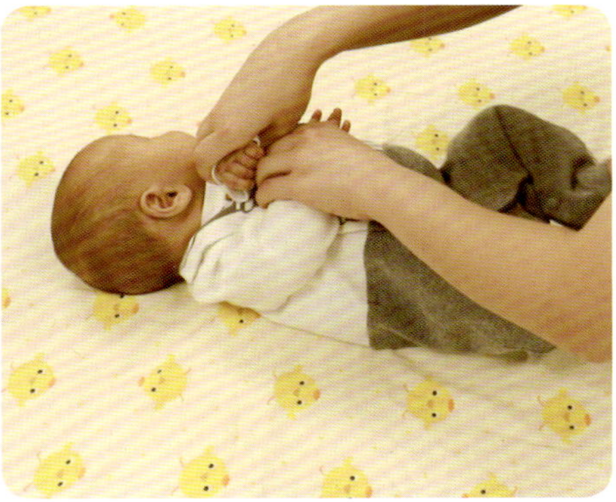

图3-36 上肢动作6

图3-37 上肢动作7

图3-38 上肢动作8

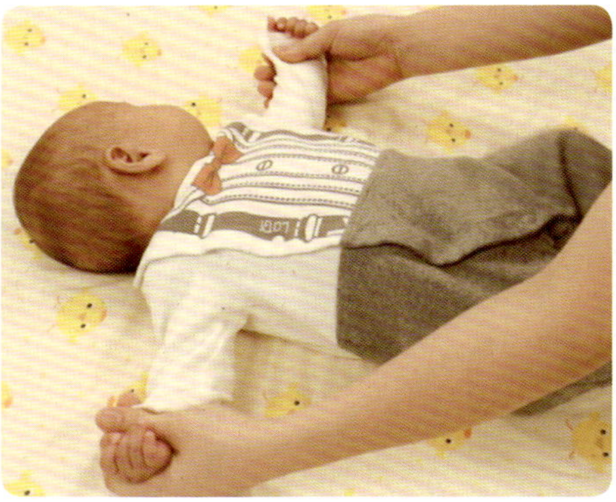

图3–39　上肢动作9

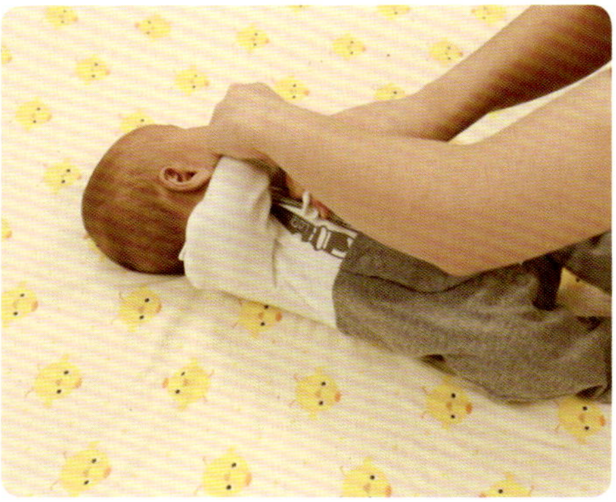

图3–40　上肢动作10

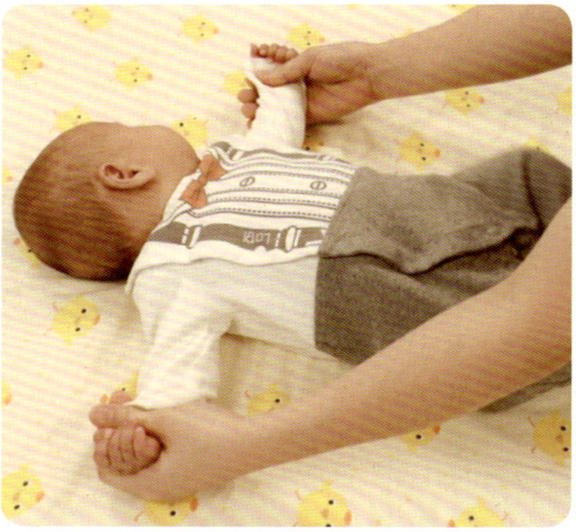

图3–41 上肢动作11

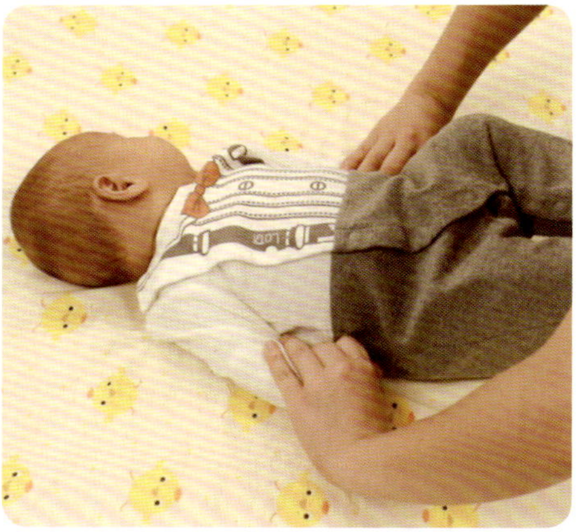

图3–42 上肢动作12

3．两手握住婴儿踝部，向上弯曲，然后伸展，两下肢轮流交替进行。做4次2个8拍（图3–43至图3–47）。

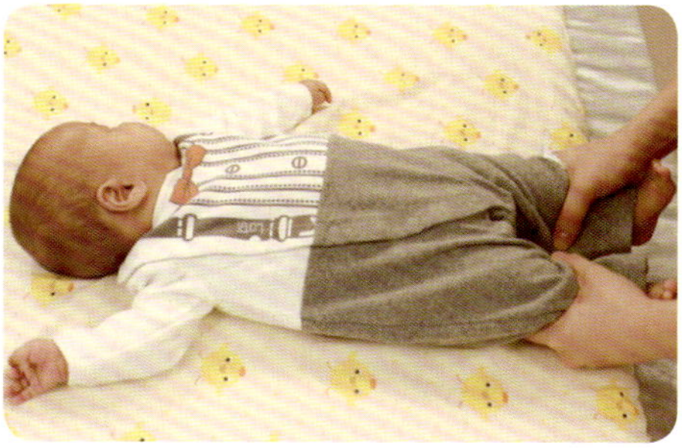

图3–43 下肢动作1

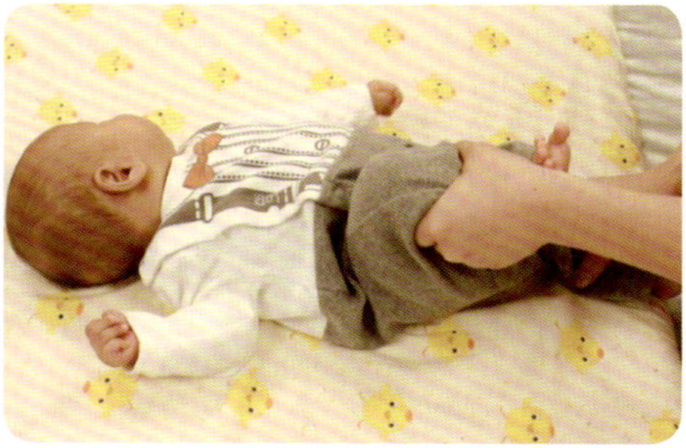

图3–44 下肢动作2

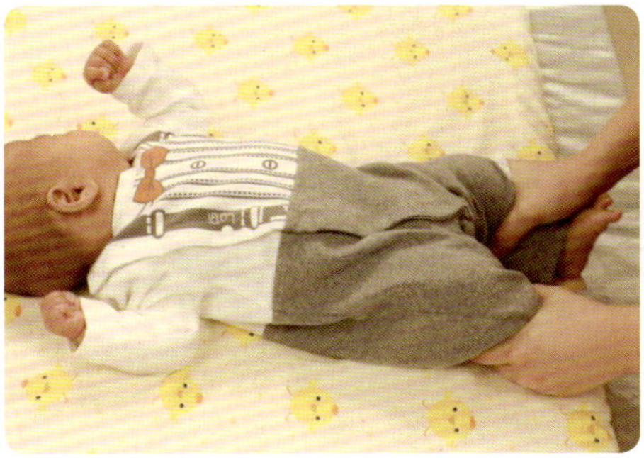

图3-45　下肢动作3

图3-46　下肢动作4

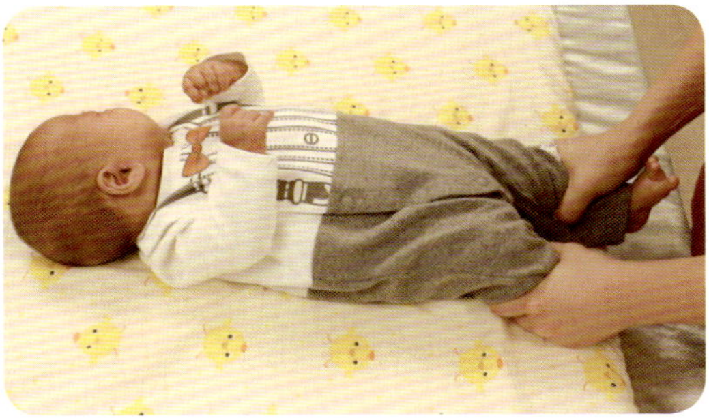

图3-47　下肢动作5

4．双手扶住婴儿膝部向上举，举到直角角度，放下，共做4次2个8拍（图3-48至图3-50）。

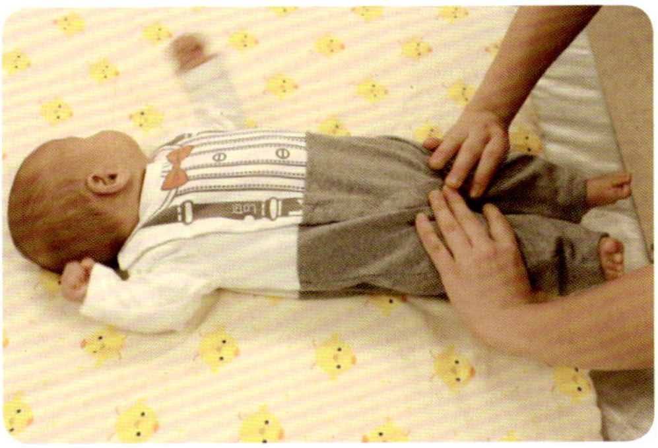

图3-48　下肢动作6

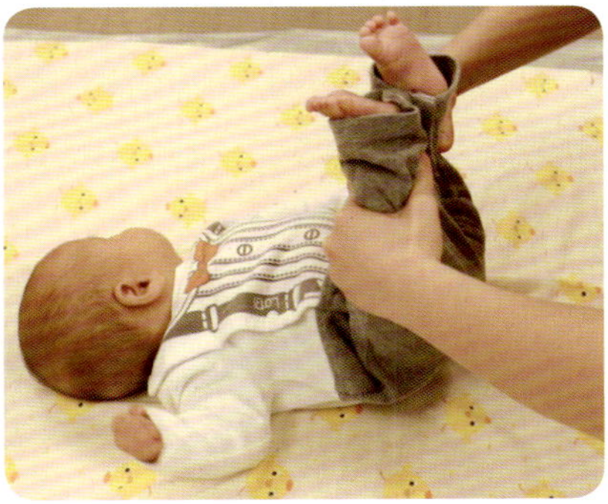

图3-49　下肢动作7

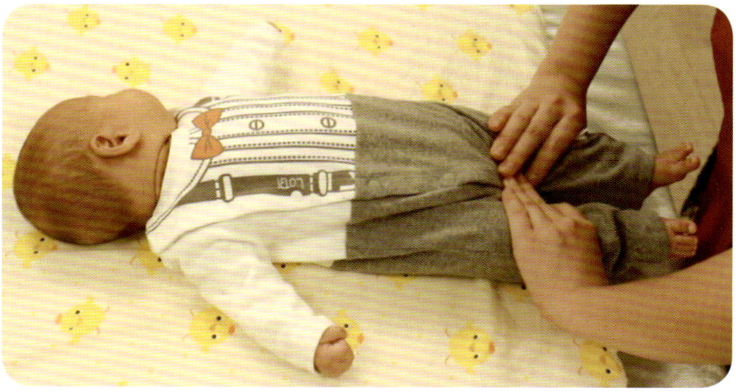

图3-50　下肢动作8

5．屈曲足背2次（图3-51、图3-52），足尖向内旋转4次，再屈曲足背2次，足尖向外旋转4次，共做2个8拍。

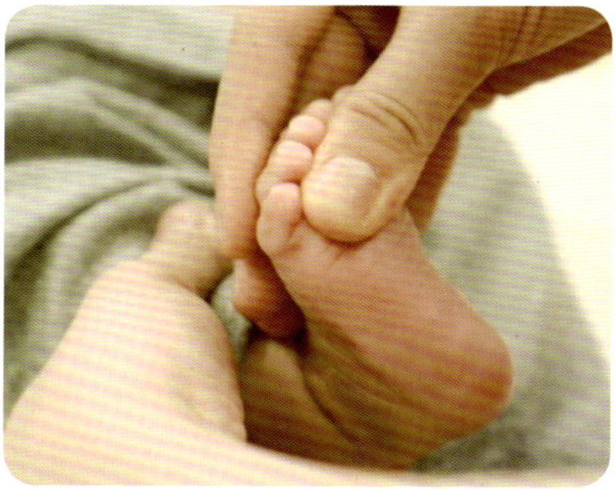

图3-51　屈曲足背1

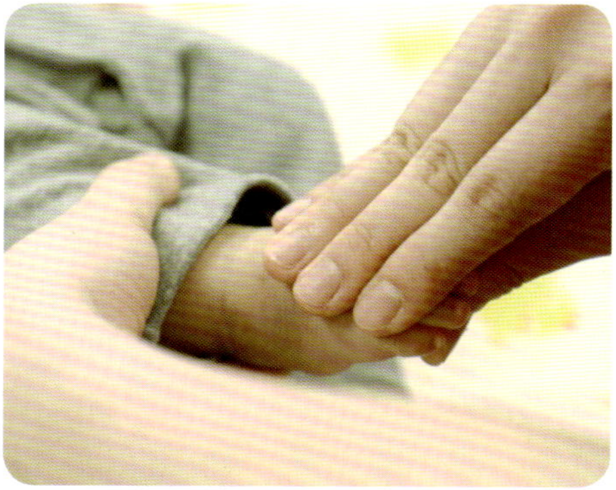

图3-52　屈曲足背2

注意事项

1．在给婴儿喂奶后2小时左右进行。

2．操作者动作既要轻柔又要到位。

3．要配合音乐和口令，使婴儿感到舒适和愉悦。

4．婴儿在身体不适的情况下不适宜做。

第四节　小儿捏脊

作用

小儿捏脊是攻补兼施，强身健体的小儿推拿常用方法 。小儿捏脊有很好的调理脏腑功能的作用，用于体质虚弱，尤其以阳虚和气虚为宜；能明显增强体质，用于小儿保健有效；适合0 ~ 14岁小儿。

★ 操作手法

（一）普通捏脊法

以两手拇指置于小儿脊柱两侧，从下向上推进，边推边以示、中二指捏拿起脊旁皮肤（图3–53、图3–54）。

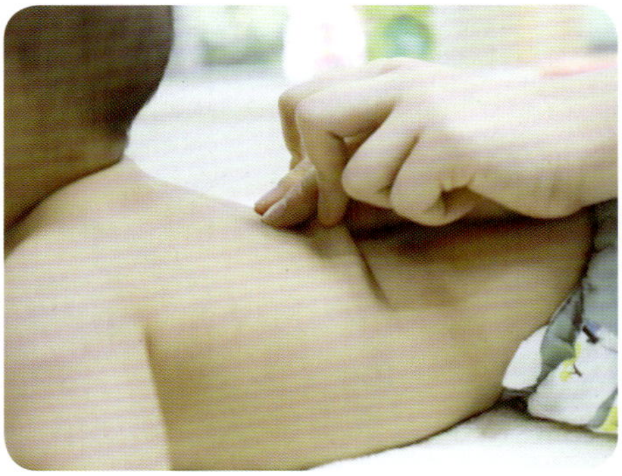

图3–53　普通捏脊法1

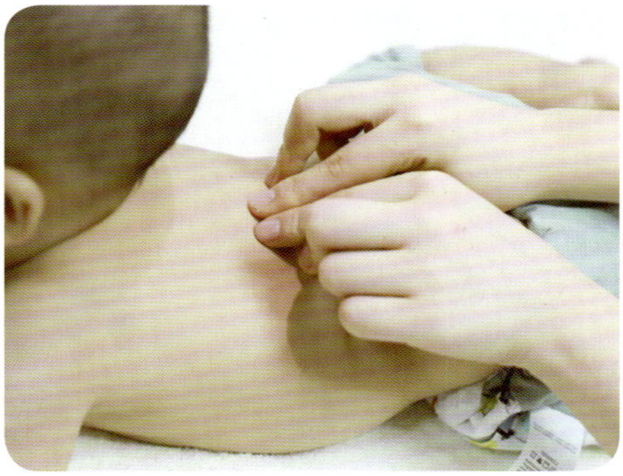

图3–54　普通捏脊法2

（二）冯氏捏脊法

双手示指、中指、无名指及小指屈曲并重叠，以示指第2指节垂直于小儿脊柱正中，从下向上推进；边推边以两拇指交替夹持起脊柱正中皮

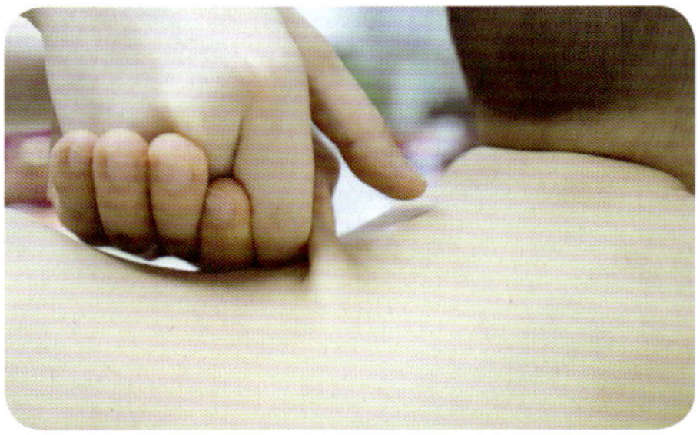

图3-55　冯氏捏脊法1

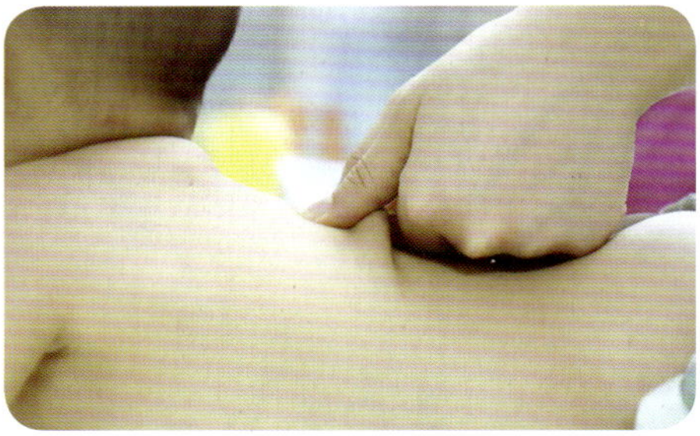

图3-56　冯氏捏脊法2

肤（图3-55、图3-56）。

普通捏脊法、冯氏捏脊法各操作3～20遍。

★ 技术要领

1. 均从龟尾向上推进，直至大椎。

备注：龟尾（即长强穴），在尾骨下，当尾骨端与肛门连线的中点处。大椎位于第7颈椎棘突下凹陷中。

2. 捏起皮肤多少及提拿力度要恰当。捏得太紧，不容易向前捻动推进，捏得太松则不易提起皮肤。推进与捏拿速度要快而流畅。

3. 捻动向前，直线前进，不可歪斜。

4. 普通捏脊法多3遍以上，冯氏捏脊法为20遍。最后1遍操作时，每捏3提1；提1时，力度深重，多有皮肤与筋膜剥离声响。

注意事项

1. 操作时不可拧转。

2. 传统为从下向上捏，近人有从上向下捏的报道，并未见副作用。可根据需要合理选择。

3. 最后的捏3提1刺激强度大，小儿多哭闹，应操作于最后。

第四章

疾病照料

第一节 体温测量

目的

体温是人体的四大生命体征之一，是机体内在活动的一种客观反映，是衡量机体状况的指标，与病情、病程及情绪变化等密切相关。生命体征能显示身体功能的变化，所以通过对生命体征的监测，可以及时、准确地掌握患儿的客观资料，发现病情变化，为患儿的诊断、治疗提供依据。

★ 评估

1. 患儿意识状态及情绪反应。
2. 测量部位的皮肤黏膜状况。

★ 准备

（一）环境准备

安全、安静、清洁。

（二）物品准备

体温计、石蜡油液体。

（三）操作者准备

着装整齐，洗手、戴口罩。

★ 体温计的种类

1. 水银体温计。

2. 电子体温计。

3. 红外体温监测仪。

4. 可弃式化学体温计。

一、水银体温计

★ 操作步骤

1. 体温的测量（水银体温计测温）须根据患儿病情选择合适的体温测量方式。

2. 检查体温计是否完好，将体温计水银柱用手甩至35.0℃以下（图4-1）。

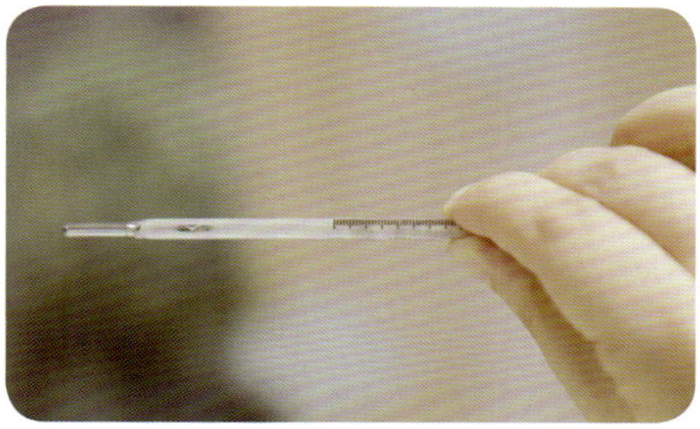

图4-1　体温计在35.0℃以下

3. 协助患儿采取舒适卧位。

4. 测量。

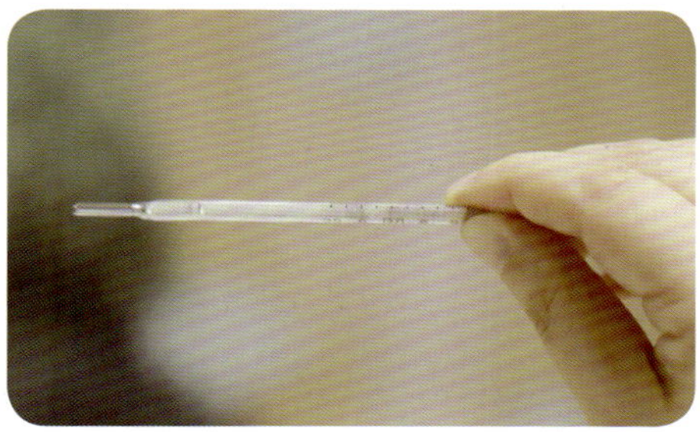

图4-2　读数

★ 量腋温

临床最常用的测量方法，用腋表测量腋温。擦干腋窝，水银端放于腋窝深处，屈臂过胸，体温表须与皮肤紧密接触，让患儿夹紧，10分钟后取出，读数记录（图4-2）。读数完毕后将体温表放入污表盒内（家庭使用时可用酒精消毒后放好）。

★ 量肛温

用肛表测量肛温。协助患儿取侧卧或屈膝仰卧位，暴露肛门，润滑肛表水银端，将其轻轻旋转插入肛门3～4cm。婴幼儿、躁动患儿测肛温时，操作者须手扶体温表以免体温表破裂，3分钟后取出，用纱布擦净，读数记录。读数完毕后将肛表放入回收盒内（家庭使用时可用酒精消毒后放好）。

注意事项

1. 测温前如有运动、进食、冷热饮、冷热敷、洗澡、坐浴、灌肠等，应休息30分钟后再测量相应部位的体温。

2. 腋下有创伤、手术或炎症、腋下出汗较多、肩关节受伤或消瘦夹不紧体温计者不宜测腋温；婴幼儿、精神异常、昏迷、口鼻腔手术或疾病、呼吸困难者，禁用口腔测温；直肠或肛门疾病、腹泻患儿不宜测肛温。

3. 婴幼儿、危重患儿、躁动患儿测量时，应有专人守护，以防发生意外。

4. 发现体温与病情不符时，应重复测温，必要时可同时采取两种不同的测量方式作为对照。

5. 甩体温计用腕部力量，不能触及他物，以防撞碎；切忌把体温计放在热水中清洗，以防爆裂。

二、电子体温计

★ 使用方法

1. 用棉花棒或卫生纸蘸取酒精擦拭消毒电子体温计感温头和量温棒部分，为避免电子体温计机件受损，请勿以酒精或其他溶液接触电子体温计感温头及量温棒以外的部件（图4-3）。

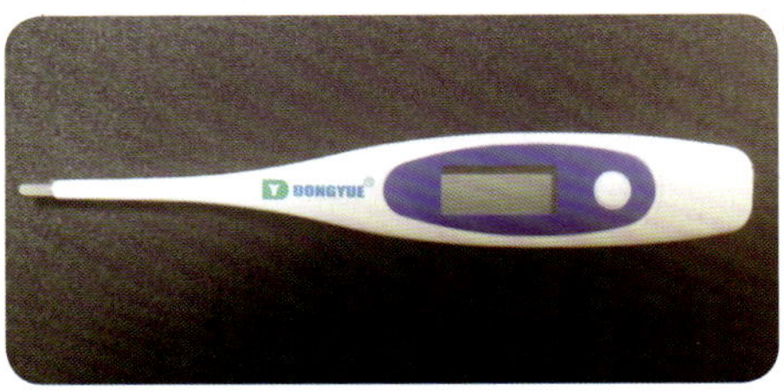

图4-3　使用方法1

2. 按压开关，蜂鸣器马上发出蜂鸣音，电子体温计显示屏显示

“ON”约2秒，然后显示上次的测量温度约2秒后显示“L℃”，其中“℃”闪烁，表示电子体温计可以测量温度了（图4–4）。

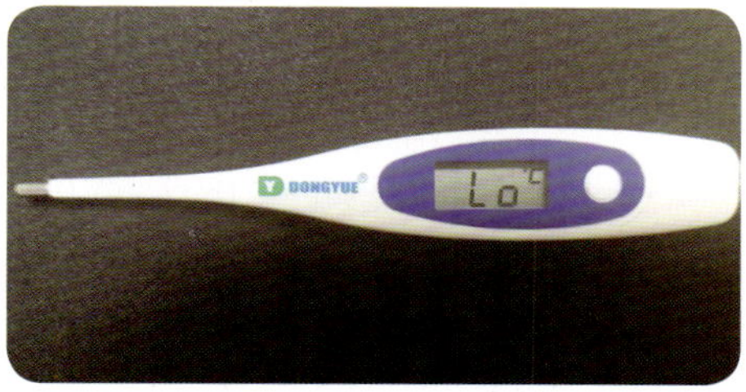

图4–4　使用方法 2

3. 用体温计来量体温。量体温时显示出的温度值逐渐上升，同时“℃”符号不断闪烁。

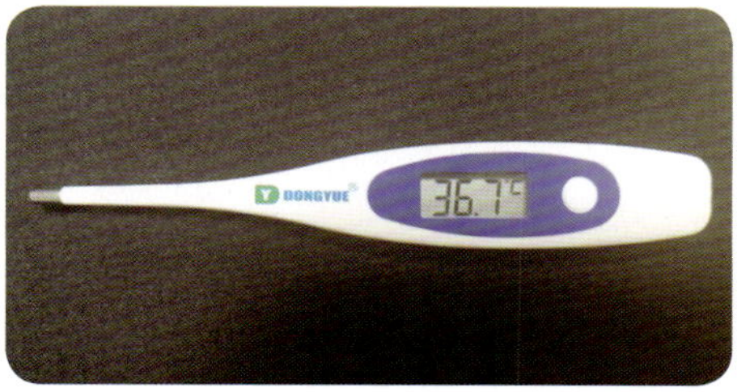

图4–5　使用方法 3

4. 当体温上升速度在16秒内<0.1℃时，“℃”符号停止闪烁，同时体温计发出约5秒钟的蜂鸣提示声，这时体温计测量完毕，可以读取显示出的体温值（图4–5）。

5. 体温计具有自动关机功能，将在测量结束后10分钟内自动关机。但为延长电池寿命，建议在测量结束后，按压电源键关闭电源。

★ 测腋窝温度

电子体温计测温前，手臂自然下垂，将腋窝紧闭1分钟，使腋窝温度稳定；将体温计的感温头置入腋窝中央并夹紧约1分钟（显示面向内，体温计与手臂的角度为35～45°），待电子体温计显示屏“℃”符号停止闪烁，即表示腋窝温度已测量完成。

★ 测口腔温度

电子体温计测量前将双唇闭合约1分钟，使口腔内温度平稳，将体温计的感温头置于舌下内侧根部，和舌头密接后，将双唇紧闭约1分钟，待电子体温计显示屏“℃”符号停止闪烁，即表示口腔温度已测量完成。

三、红外体温监测仪

★ 使用方法

1．撩开患儿头发，把患儿额头上的汗水擦干净。

2．按下仪器下方的按键，稍等片刻待屏幕有图案显示（图4-6）。

3．将仪器指向患儿前额头的正中(眉心)上方并保持垂直，仪器与额头的距离建议在3～5cm（图4-7）。

4．按下仪器上方的按键，1秒钟后就可以显示出测量的温度（图4-8、图4-9）。

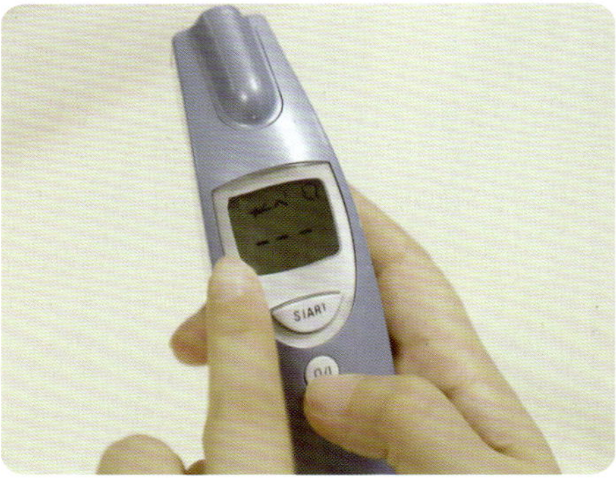

图4-6　使用方法1

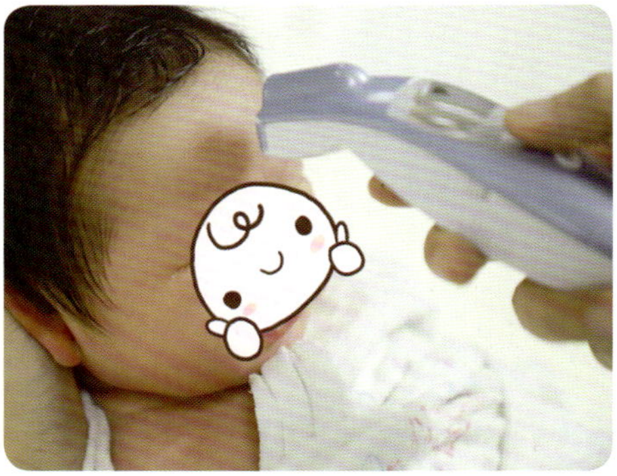

图4-7　使用方法2

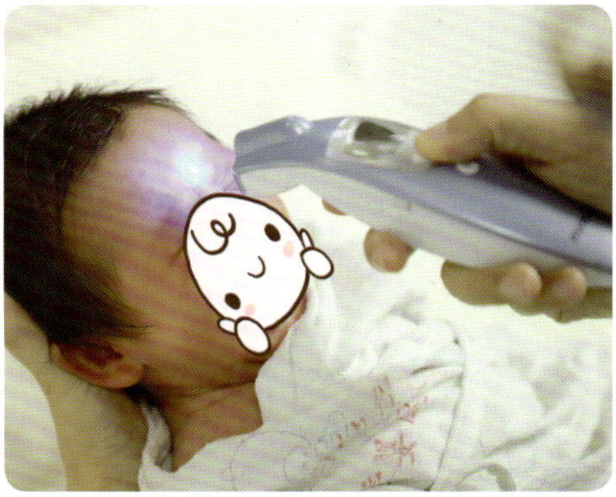

图4-8　使用方法3

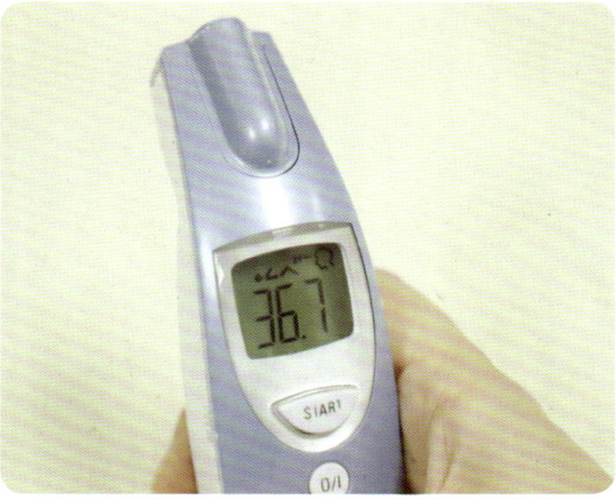

图4-9　使用方法4

注意事项

1．当被测患儿来自与测量的环境温度差异较大的地方时，应至少在测试的环境内停留5分钟以上，待与环境的温度一致后再测量，否则将影响测量结果。

2．发烧的患儿额头冷敷、发汗及采取其他降温的措施后会使测量结果偏低，应避免在这种情况下测量体温。

3．红外线电子体温计从与待测环境温度差异较大的地方取出使用时，应将仪器放置在使用环境下20分钟后再用。

4．被测人周围的环境要稳定，不能在风扇、空调的出风口等气流较大的地方测试。

5．不能在室外或者阳光强烈的地方使用该仪器。

四、可弃式化学体温计

一次性使用体温计，适合测口腔温度。

★ 使用方法

1．拆开密封包装、取出体温计。

2．将感温泡置于舌下，将舌尖压在其上，闭嘴测1分钟。

3．取出体温计，当颜色点从白色变为蓝色时，最后的蓝点位置即为所测温度。

知识链接

表4-1 体温测量各种方法正常范围

测量方法	成人正常范围/℃	儿童正常范围/℃	特点
腋测法	36~37	36~37	该法简便、安全，且不易发生交叉感染，为最常用的体温测定方法。
口测法	36.3~37.2	37	结果较为准确，但不能用于婴幼儿及神志不清者。
肛测法	36.5~37.7	36.5~37.5	肛测法一般较口测法读数高0.2~0.5℃，该法测值稳定，多用于婴幼儿及神志不清者。

表4-2 发热的分度（以口腔温度为标准）

分度	温度/℃
低热	37.3~38
中等度热	38.1~39
高热	39.1~41
超高热	>41

第二节　口腔清洁护理

目的

1. 口腔清洁、湿润，使患儿舒适，预防口腔感染及其他并发症。
2. 清除口腔异味、增进食欲。
3. 观察口腔黏膜、舌苔变化及特殊的口腔气味，提供病情的动态信息。

★ 禁忌证

1. 躁动患儿慎做，应等患儿安静后再做口腔护理。
2. 口腔颌面需要制动的患儿。

★ 准备

（一）操作者准备

1. 洗手、戴口罩。
2. 安抚患儿，取得配合。

（二）评估患儿

1. 评估用物：检查手电光源是否充足，是否完好，携手电至患儿床旁。
2. 评估患儿的精神状态、病情，评价合作程度。
3. 评估患儿口腔。

（1）口唇色泽、湿润度、有无干裂。

（2）口腔黏膜的颜色，有无出血、溃疡。

（3）牙龈有无红肿、出血。

（4）舌苔颜色、湿润度，有无溃疡、肿胀及舌面积垢。

（5）口腔有无异味、有无口臭。

（三）物品准备

1. 快速手消毒剂、无菌棉签、生理盐水、手电、污物碗、无菌治疗碗（或干净容器）、治疗车（或托盆）、治疗巾（或清洁小毛巾）、生活垃圾桶 、医疗废物桶。

2. 准备盐水棉签：取无菌棉签6根，放于治疗碗内，向治疗碗内倾倒生理盐水，以刚刚湿润棉签为宜。

★ 操作步骤

1. 检查湿润的棉签，以不滴水为宜，并检查棉签头部完整性（图4-10）。

图4-10　棉签以不滴水为宜

2. 体位：患儿右侧卧位或头转向操作者，并在患儿下颌下铺治疗巾。

3. 操作过程

（1）第一根棉签为患儿擦洗口唇（图4-11），用过的棉签放于污物碗内。

（2）第二根棉签从左侧向右侧擦拭患儿口腔上牙床外侧（图4-12）。

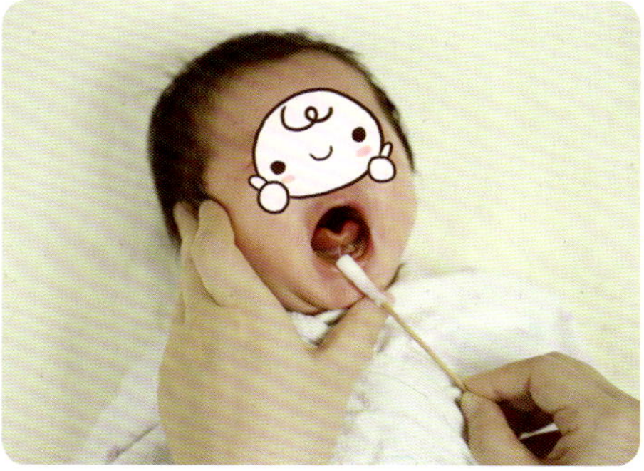

图4-11 步骤1

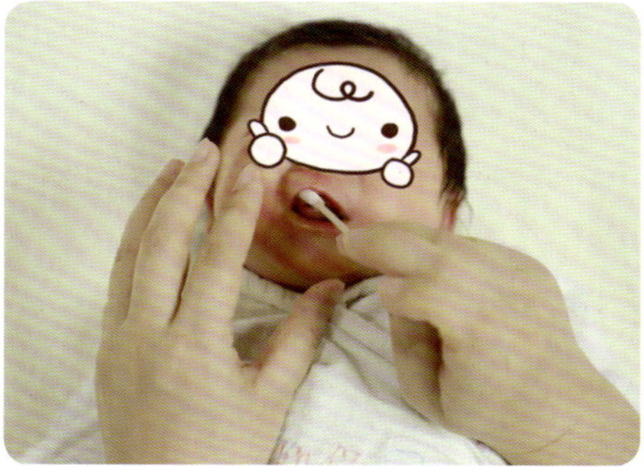

图4-12 步骤2

（3）第三根棉签由内向外，左右横向擦拭患儿口腔上颚及上牙床内侧（图4–13）。

（4）第四根棉签从左侧向右侧擦拭患儿口腔下牙床外侧（图4–14）。

（5）第五根棉签由内向外，左右横向擦拭患儿舌面（图4–15）及舌下（图4–16）。

（6）第六根棉签由内向外，左右横向擦拭患儿口腔下颚及下牙床内侧（图4–17）。

（7）再次清点棉签数目并检查棉签完整性。

4. 操作后

（1）用患儿下颌的治疗巾擦嘴后，将用过的治疗碗及治疗巾、污物碗收好。

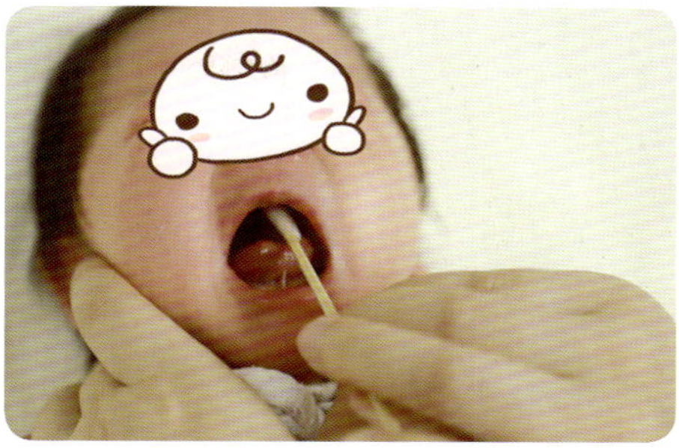

图4–13　步骤3

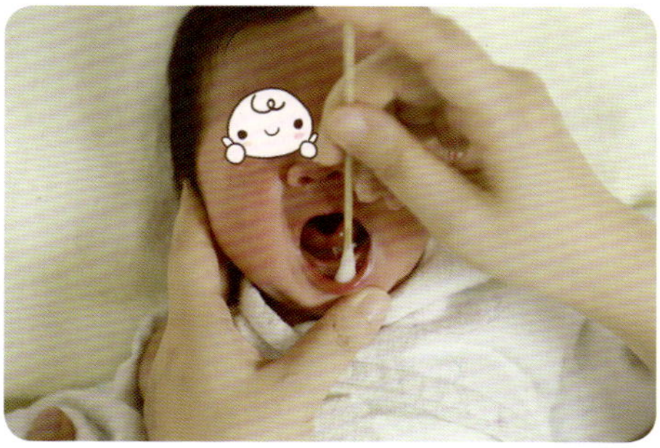

图4–14　步骤4

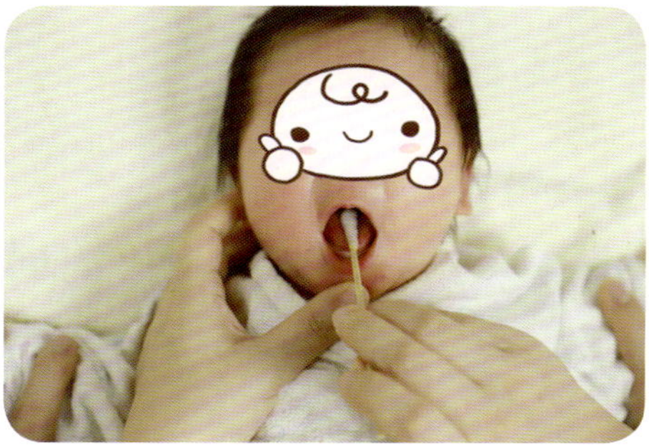

图4–15　步骤5

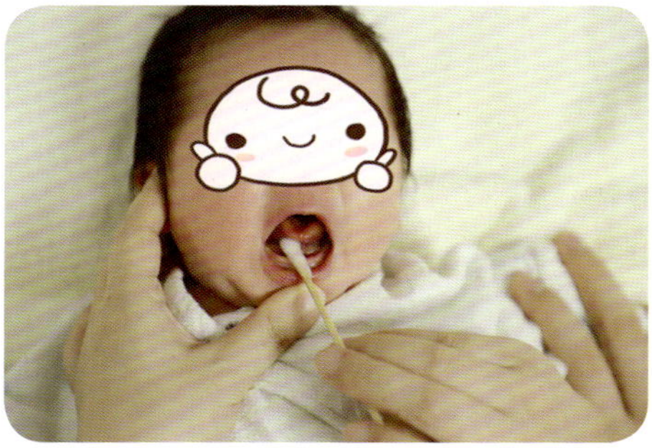

图4–16　步骤6

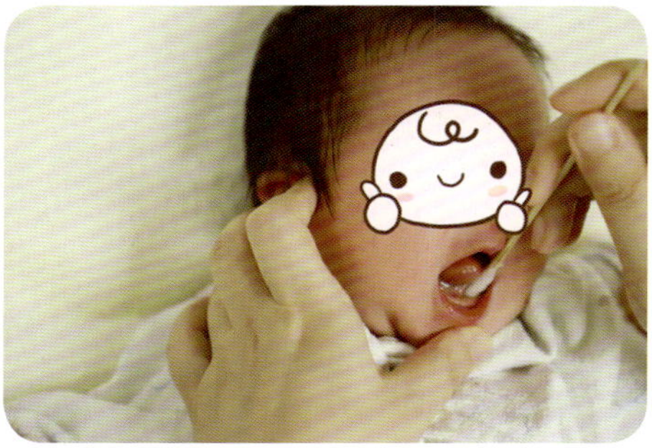

图4–17　步骤7

（2）用手电再次检查患儿口腔情况，若患儿口唇干裂，适当擦涂石蜡油液体或润唇膏。

（3）协助患儿取舒适卧位，整理床单。

（4）快速手消毒剂消毒双手，处理好各类物品。

（5）按七步洗手法洗手。

注意事项

1. 操作时动作轻柔，避免损伤患儿口腔黏膜。

2. 擦洗患儿腭部时，勿触及软腭，以免引起恶心。

3. 做口腔护理时注意观察患儿口腔黏膜的变化，如有无充血、炎症、糜烂、溃疡、肿胀及舌苔颜色的异常变化等。

第三节　物理降温

目的

发热是小儿最常见的临床症状之一。发热时机体代谢和能量代谢明显增强，导致内脏器官的功能失调。及时采取有效的降温措施，对小儿疾病的转归有十分重要的意义。世界卫生组织建议，发热应首选物理方法降温，如冷敷法、擦浴法、浸浴法等。

★ 评估

（一）物理降温方法的选择

新生儿体表面积较大、活动少，皮下脂肪较薄，加上体温调节中枢发育不完善，因此0～3个月小儿应采用头部冷敷、开包散热法，婴幼儿采用头部冷敷、温水擦浴效果较好。

（二）物理降温的方式

物理降温是目前临床最简便而又安全的降温方法，通过扩张皮肤血管，促进皮肤散热来达到降低机体温度的目的。婴幼儿物理降温主要有冷敷法和擦浴法两种，擦浴法中可分为温水擦浴和酒精擦浴。

（三）评估患儿

了解患儿病情，评估患儿体温、年龄、配合程度、意识状态。

★ 准备

（一）物品准备

治疗车（或托盆）、32～34℃温开水300mL、治疗碗（或其他容器）内盛32℃左右30%～50%乙醇300mL、小毛巾2块、大毛巾1块、冰袋、衣裤1套。

（二）操作者准备

洗净双手，戴口罩。

（三）环境准备

关闭门窗，保证室内温度适宜（25～28℃）。

★ 操作步骤

（一）冷（冰）敷法

1．将小毛巾包裹冰袋放置于患儿前额、头顶及腋下、腹股沟等处。

2．整理用物。

3．30分钟后评估冷敷法降温效果。

（二）温水擦浴法

1．脱去患儿近侧衣袖，将大浴巾垫于擦拭部位下（图4-18、图4-19）。

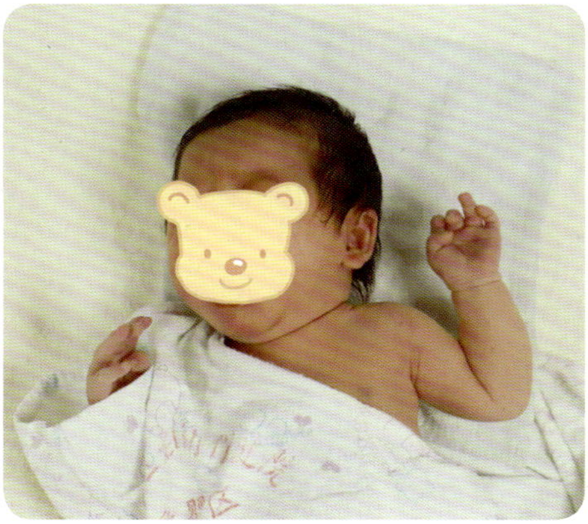

图4-18　准备1

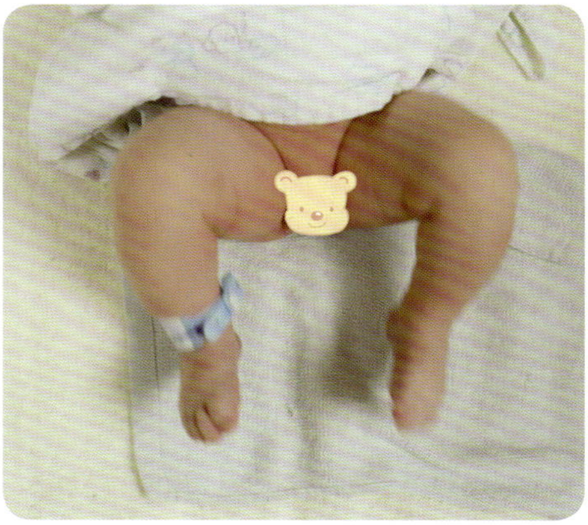

图4-19　准备2

2. 将干净小方巾放入32～34℃温水中浸湿。

3. 将小方巾拧至湿度适中，打开方巾，右手置于方巾右侧中部，将方巾上方向下折叠（图4-20）、下方向上折叠（图4-21），再将方巾左侧向右折叠（图4-22），将方巾左侧边缘向内塞进（图4-23、图4-24）。

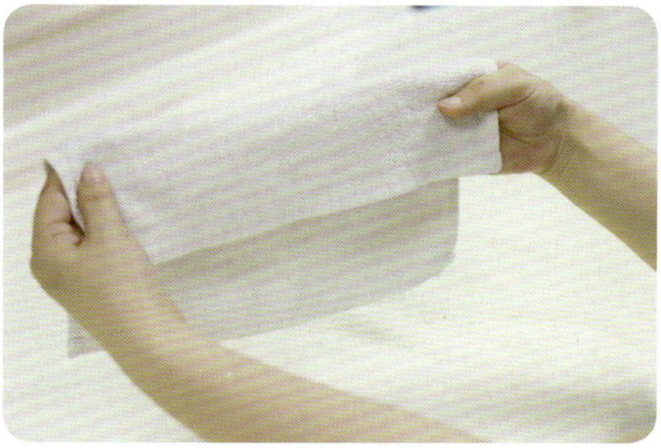
图4-20　方巾准备1

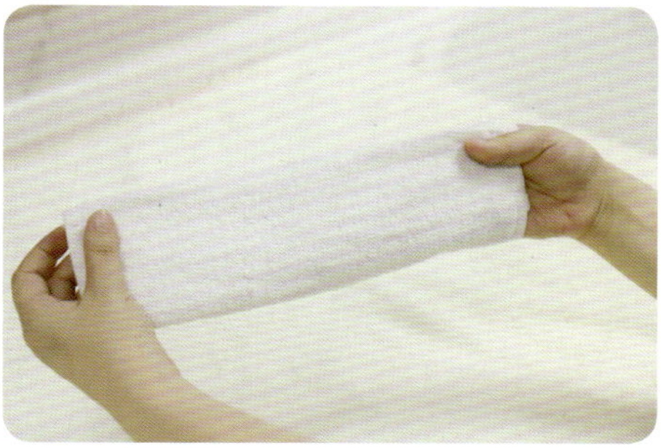
图4-21　方巾准备2

图4-22　方巾准备3

图4-23　方巾准备4

图4-24　方巾准备5

4. 按顺序拍拭。

（1）前额。

（2）上肢：先从颈外侧→上臂外侧→前臂外侧→手背；更换小毛巾再从腋窝→上臂内侧→肘窝→前臂内侧→手心（图4-25至图4-33），对侧同法处理。

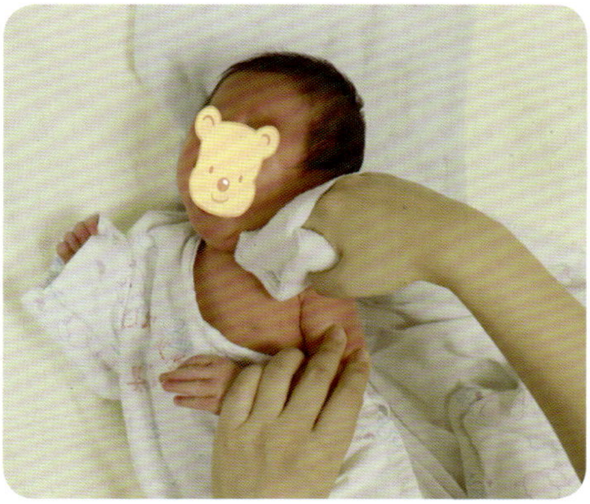
图4-25　拍拭颈外侧

（3）下肢：先从大腿外侧→

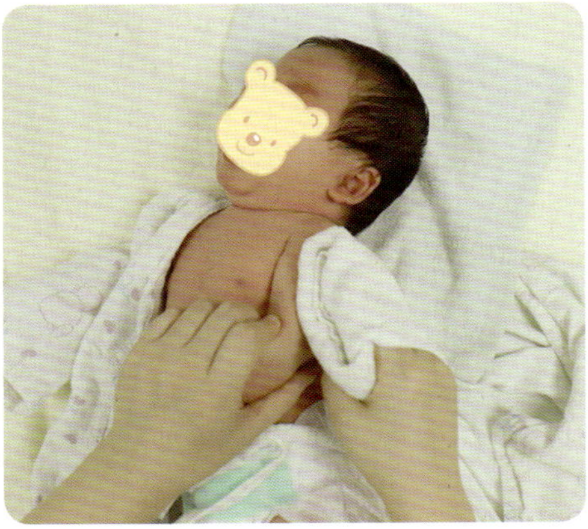

图4-26　拍拭上臂外侧

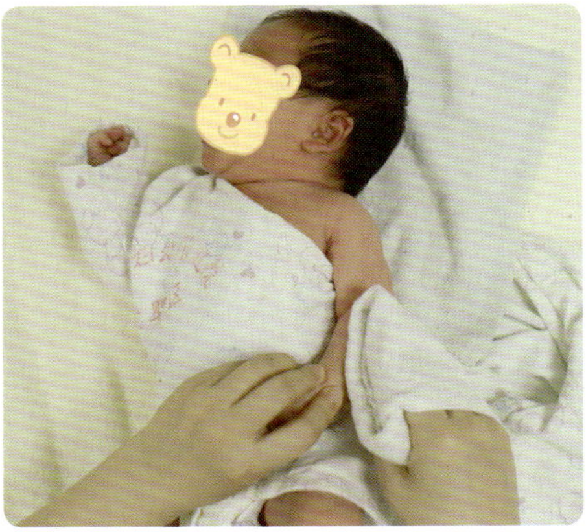

图4-27　拍拭前臂外侧

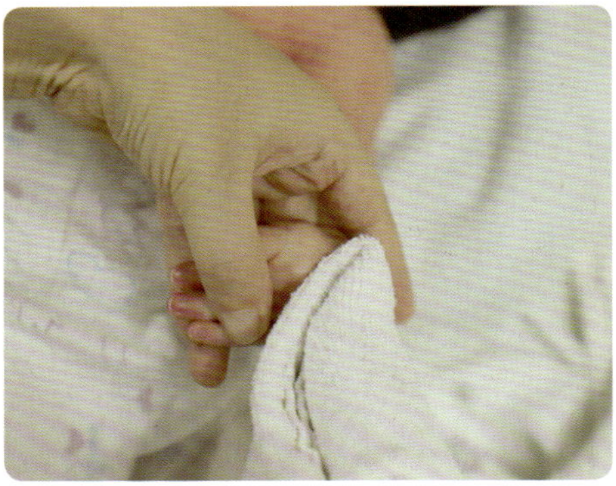

图4-28　拍拭手背

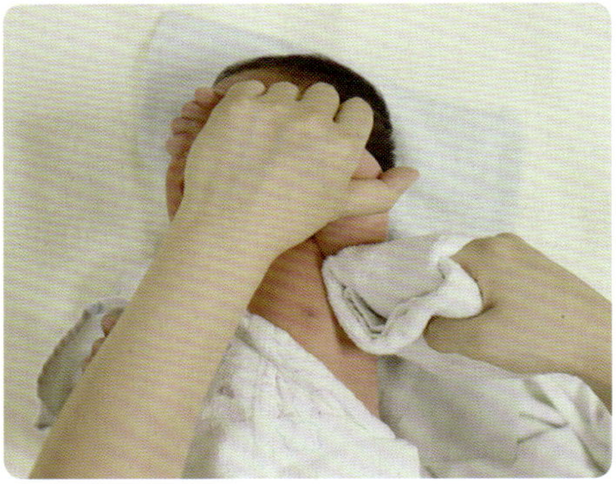

图4-29　拍拭腋窝

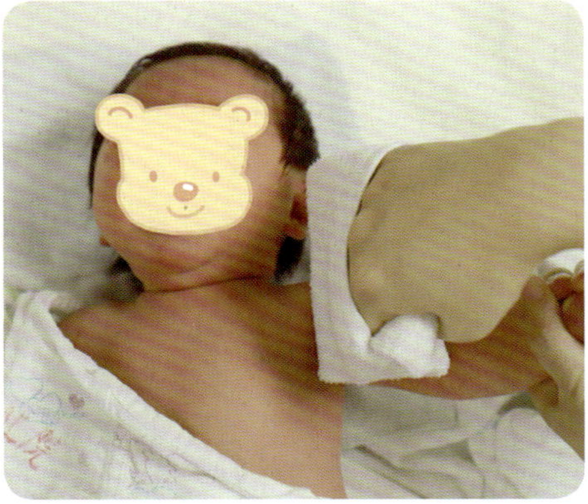

图4-30　拍拭上臂内侧

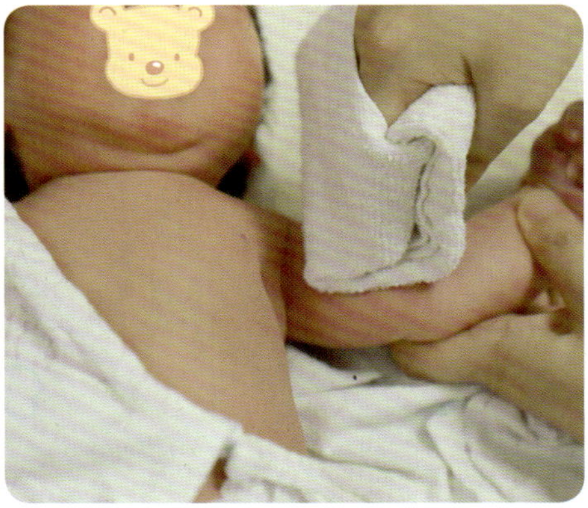

图4-31　拍拭肘窝

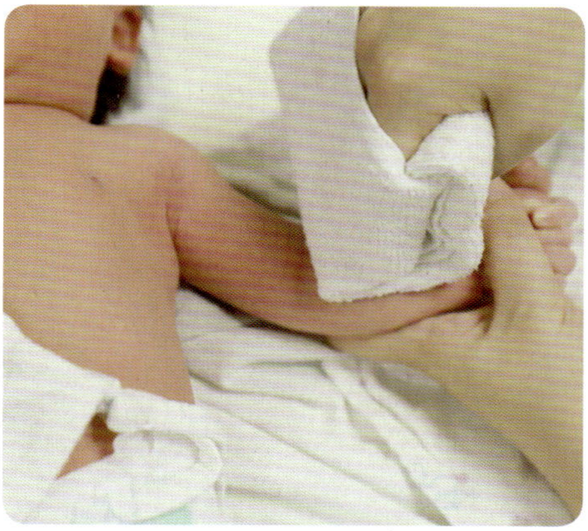

图4-32　拍拭前臂内侧

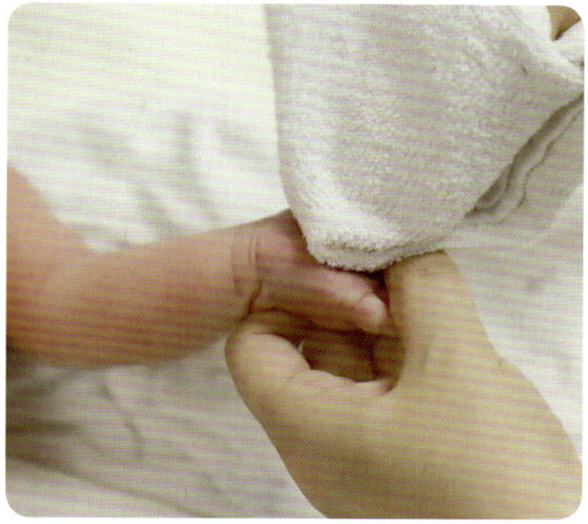

图4-33　拍拭手心

小腿外侧→足背；更换小毛巾再从腹股沟→大腿内侧→腘窝→小腿内侧→足跟（图4-34至图4-41），对侧同法处理。

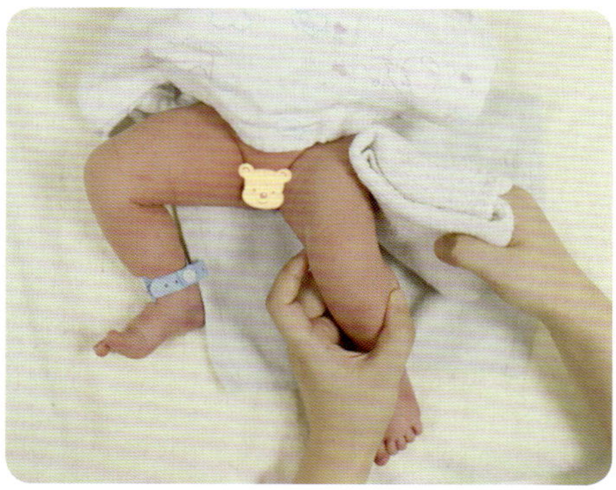

图4-34　拍拭大腿外侧

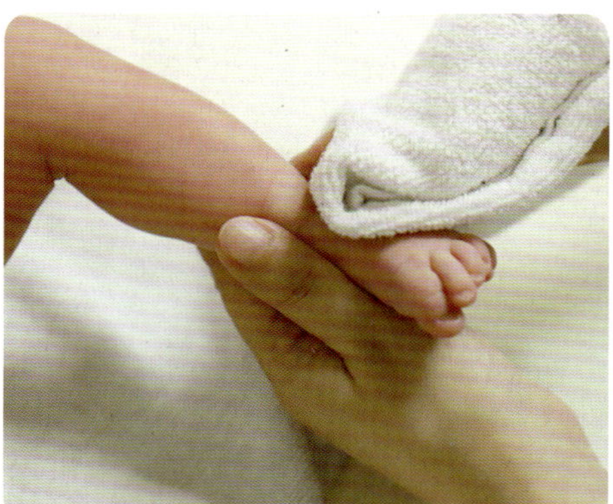

图4-35　拍拭小腿外侧

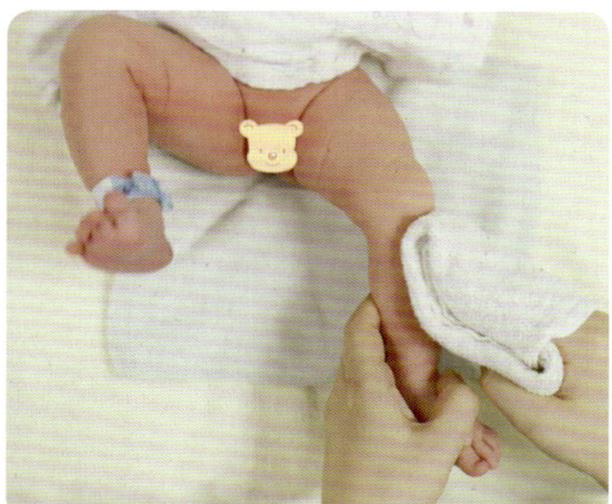

图4-36　拍拭足背

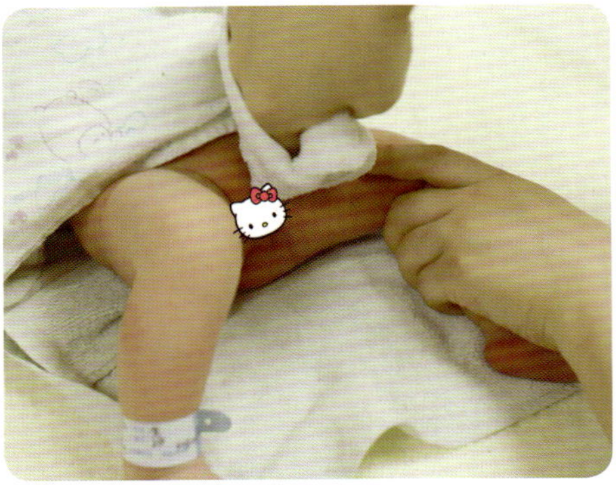

图4-37　拍拭腹股沟

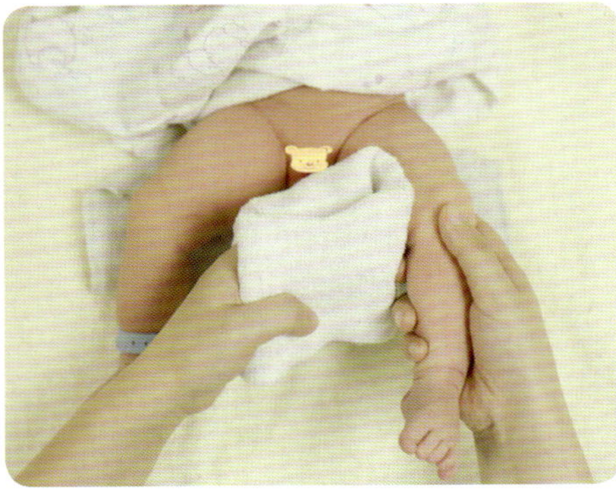

图4-38　拍拭大腿内侧

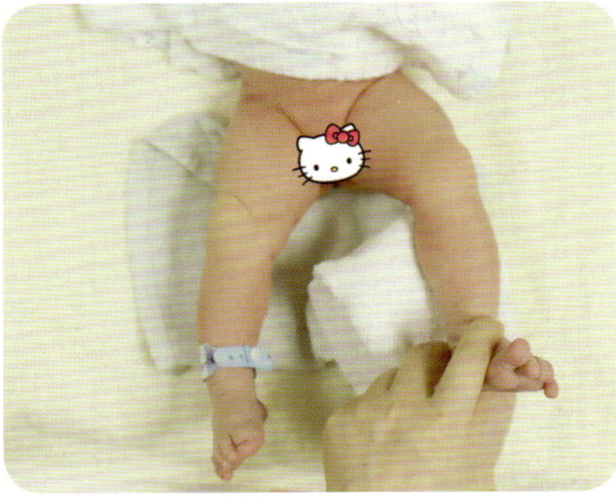

图4-39　拍拭腘窝

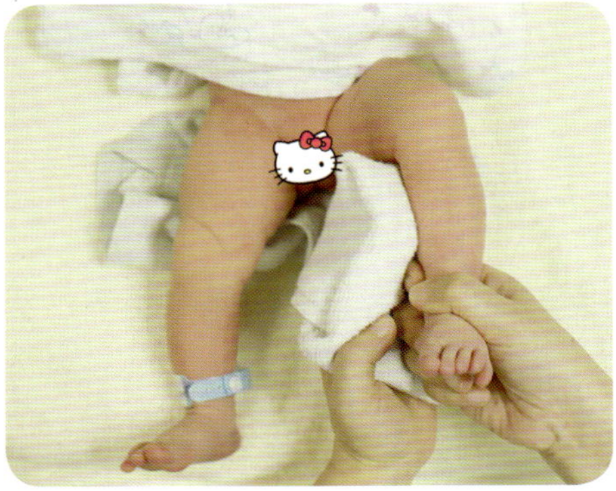

图4-40　拍拭小腿内侧

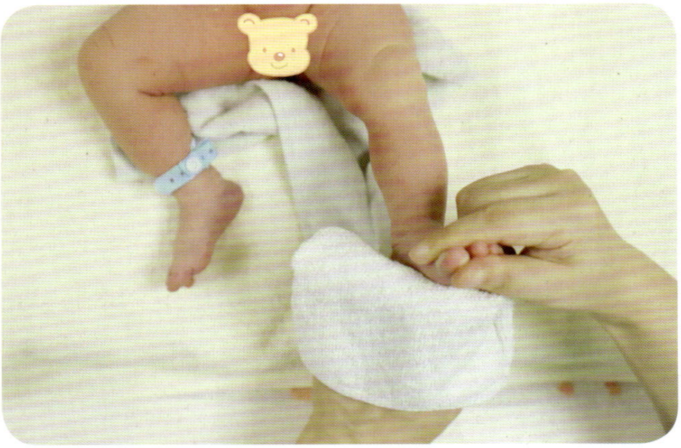

图4-41　拍拭足跟

重点擦洗前额、腘窝、腋窝、腹股沟及四肢，整个擦浴时间为10～15分钟。

5. 擦拭完毕用大浴巾擦干患儿皮肤，帮助患儿整理床单位。

6. 整理用物。

（三）酒精擦浴法

1. 将干净小毛巾放入32℃左右30%～50%酒精中浸湿。

2. 脱去患儿近侧衣袖，大浴巾垫于擦拭部位下，拍拭过程同温水擦浴，整个擦浴时间为10～15分钟。

3. 擦拭完毕用大浴巾擦干患儿皮肤，帮助患儿整理床单位。

4. 整理用物。

（四）物理降温操作的注意事项

1. 冷敷部位的选择。

（1）尽量选择腘窝、腹股沟、腋窝大血管流通处降温。

（2）禁止冷敷前胸、腹部、后颈和足底部位，因为这些部位对冷热刺激较敏感，可引起心跳减慢、腹泻等不良反应，不宜擦拭。

2. 冰袋质量的观察：随时检查冰袋、冰囊、化学制冷袋有无破损漏水现象，布套潮湿后应立即更换，冰融化后应立即更换。

3. 皮肤的观察：严密观察患儿皮肤状况，如患儿发生局部皮肤苍白、青紫或有麻木感时，应立即停止使用，防止冻伤发生。

4. 空气流通：应该注意保持室内的空气流通，这样更有利于病情的好转。一般情况下维持室内气温为25℃最为适宜。

5. 如有过敏现象的患儿禁用酒精擦浴法，即使是没有过敏的患儿也不提倡随意使用此方法，能用其他物理降温方法的尽量使用其他方法，因酒精可通过皮肤吸收，有一定的潜在危险。

6. 拭浴时以拍拭（轻拍）的方式进行，避免用摩擦方式，因摩擦易生热。

第四节　口服给药

目的

口服药物是通过口服后，药物被胃肠道黏膜吸收进入血液循环，达到预防或治疗疾病的作用。口服给药可满足患儿治疗或预防接种的需要，解除疾病所致的疼痛及不适。口服给药的禁忌证为不能进食者或胃肠疾病正在禁食的患儿。

★ 评估

（一）口服药剂型的选择

新生儿和婴幼儿由于年龄尚小，不宜吞服片剂、较大药丸、胶囊等大体积药物，否则容易引起窒息。可服用的剂型有溶液剂、颗粒剂、糖浆剂、混悬剂、泡腾片、散剂、滴剂等液体制剂或溶解于液体中服用的制剂。当需要服用某些片剂时，可以碾磨成粉末后，加入温开水中服用。但需要注意，有些药片不能压碎或溶解，例如具有肠溶性包衣或缓释的片剂，此类药物不适合新生儿及较小婴幼儿服用。

（二）服用容器的选择

新生儿和婴儿的口服药物剂量小于5mL，可将液体状药物或溶解成悬浮液的药物放入奶嘴中让患儿吸吮，必要时可修剪奶嘴出水孔，使之变大易于药物通过。新生儿和婴儿的口服药物量大于5mL时，建议可将药物溶解后放入奶瓶中喂药。幼儿可以用小勺子、注射器、小杯子或专门喂药器进行喂药。

（三）患儿情况评估

了解患儿病情，评估患儿有无过敏史，评估患儿吞咽功能状况，评估患儿服药的配合程度、体重、意识状态。

★ 准备

（一）物品准备

治疗车（或托盆）、药盘、药品、药杯、小匙、滴管、小水壶、温开水、糖浆、小饭巾、研钵、搅棒。

（二）操作者准备

洗净双手，戴口罩，查对药物及用法。

（三）药物准备

备齐用物，并放于治疗车或托盆上，不能吞咽或不能合作者，应将药片放于研钵内捣成粉状，倒入药杯内，并放入少许温水，用搅棒拌匀。

★ 操作步骤

（一）奶嘴喂药法

1. 将药物放在奶嘴中，将奶嘴轻触婴儿嘴部，婴儿吮着奶嘴，将奶嘴向下，使药液充满奶嘴。

2. 药液吸吮完毕后，奶嘴内放入少量温开水，让婴儿吸吮完毕，起到冲洗口腔作用。

3. 观察患儿服药后的反应。

4. 整理用物。

（二）奶瓶喂药法

1. 将药物放在奶瓶中，将水与药物充分摇匀，将奶嘴放入婴

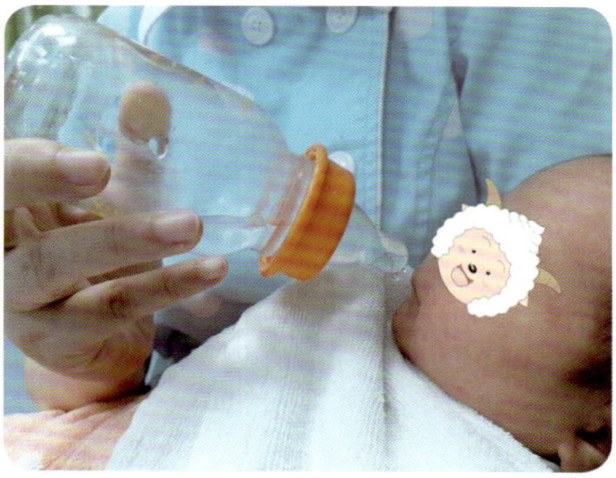

图4-42　药液充满奶嘴内

儿嘴中，将奶瓶底部向上，使药液充满奶嘴（图4–42）。

2. 吸吮完毕后，奶瓶内放入少量温开水，让婴儿吸吮完毕，起到冲洗口腔作用。

3. 观察患儿服药后的反应。

4. 整理用物。

（三）单人喂药法

1. 喂药时，将患儿抱起，患儿半卧位于操作者怀中。

2. 用小饭巾围于患儿颈部，用小匙盛药（或喂药器），从患儿嘴角处徐徐喂入（图4–43、图4–44））。

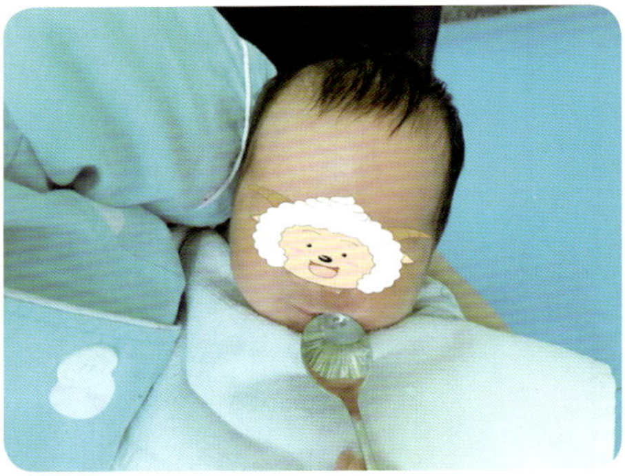

图4−43　从患儿嘴角处喂入 1

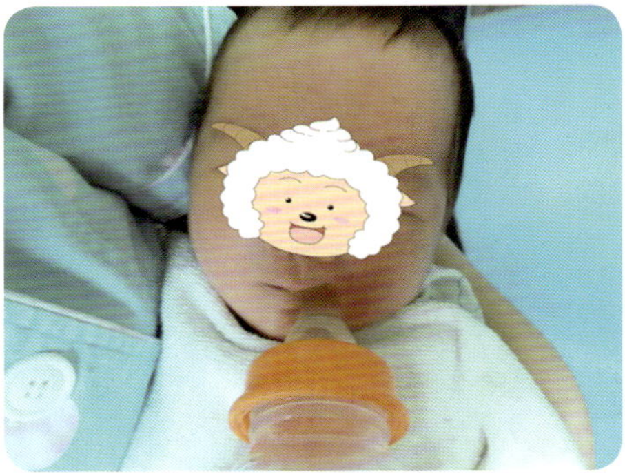

图4−44　从患儿嘴角处喂入 2

3. 药液完毕后，给予少量温开水喂服。

4. 观察患儿服药后的反应。

5. 整理用物。

（四）双人喂药法

不配合服药的患儿，可采用双人喂药法。

1. 患儿半卧位，一人一手固定小儿头部，面朝上，另一手捏住小儿脸颊部，让唇部凸起，另一人手持药杯，放在近侧嘴角处，缓慢倒入。

2. 喂药完毕后，给予少量温开水喂服。患儿不吞咽时，可将小匙留在患儿口中压住舌尖片刻，以防患儿吐出药物，等咽下后再将小匙取出，然后喂少许温开水。

3. 患儿喂药完毕后，将患儿放在大腿上，用手固定其头部，用另一手轻轻拍拍背部，也可以将患儿抱起，让其伏在喂药者的肩膀上，用手轻轻地拍打背部，以减少吐药。

4. 观察患儿服药后的反应。

5. 整理用物。

注意事项

（一）呛咳、误吸

不配合服药的患儿，在服药的过程中，注意缓慢喂药。对于不能服用片剂等幼儿，可将片剂研碎服用（注意缓释片不可研碎）。呛咳时暂停喂药，并轻轻叩击背部。如有分泌物及时清理，防止分泌物误吸，引起吸入性肺炎。

（二）呕吐

新生儿胃排空常较慢，胃部呈水平位，易发生呕吐。药物口味苦，或有异味，或服用过快等均可引起患儿胃部不适、呕吐。若遇患儿将药物吐出，注意及时清理呕吐物，防止窒息。并通知医师，根据患儿呕吐的时间，呕吐物的性质、量等情况，判断服用药物是否吐出，以判断是否需要补服药物。通常患儿在1小时以内大量呕吐，须再补服同剂量药物。若患儿超过1小时后呕吐，一般无须补服。

（三）液体类型药物可通过量杯或滴管测量药量

使用量杯读取剂量时，视线应与液面最凹陷处保持水平。

（四）给药时间与饮食

1. 新生儿、婴幼儿肝酶系统发育不成熟，药物代谢能力较差，因此，应该严格按照医嘱剂量和时间间隔给药，给药时间宜控制在规定时间的前后3分钟之内，以免药物过量，引起毒副作用。

2. 应根据医嘱及产品说明书掌握不同口服药物的给药时间，即空腹、餐前、与食物同服或餐后服用。

（1）大多数抗生素应该空腹（即餐前1小时或餐后2小时）服用。

（2）驱虫药需要在清晨空腹或睡前服用。

（3）止泻药物，如蒙脱石散需要空腹服用，且与其他药物相隔2小时，按说明用足够的温水稀释。

（4）脂溶性维生素（如鱼肝油等）宜饭后服用。

（5）刺激食欲、促进胃动力或保护胃黏膜的药物，宜在饭前服用。

（6）味道较浓烈的药物，如氯化钾口服液等，可以与食物同服。

（7）解热类药物服用后患儿须多饮水，以免出汗过多引起脱水。

（8）益生菌（如双歧三联活菌）、减毒活疫苗（如脊髓灰质炎疫苗糖丸或液体）应避免使用40℃以上开水冲服。

FIVE

第五章

气道异物阻塞急救

气管、支气管异物的紧急处理

气管、支气管异物是儿科常见急症之一。因气道异物阻塞致死的儿科病例，超过90%发生在5岁以内，其中婴儿占65%。婴儿最常见的吸入异物为液体，而幼儿和儿童则多为食物（如花生米、瓜子、葡萄、肉类等）、小物件（如弹簧、塑料笔帽等）。气管、支气管异物患儿出现的症状取决于异物在气道所处的位置，病程的分期如下。

一、异物进入期

在异物的进入期，可有呛咳、喉喘鸣、作呕、痉挛性呼吸困难等症状。若为气管异物，则症状更为剧烈。

二、无症状期

急性期过后，患儿会进入长短不一的无症状期。此时期症状不典型，容易漏诊和误诊。

三、症状再发期

随着异物的刺激和继发感染，患儿可出现咳嗽加重及高热症状。

四、并发症期

可继发肺炎、支气管扩张、肺不张、肺脓肿等疾病。

规范的气管、支气管异物诊断和治疗，须至耳鼻喉头颈外科专科就诊。

即使异物吸入后没有发生危险情况且症状缓解，其症状观察也是必要的。

★ 操作步骤

（一）分辨气道异物阻塞症状的严重性

气道异物阻塞症状可以分为轻度和重度。当气道阻塞为轻度时，患儿能咳嗽和发声。当气道阻塞为重度时，患儿不能咳嗽，或者不能发出声音。

当气道阻塞为轻度时，救助者不需要进行任何操作，只需要让患儿通过咳嗽清理气道，并在一旁观察是否出现重度阻塞的症状。当气道阻塞为重度时，救助者须根据情况实施救治。

（二）对一岁以下的患儿，采用以下急救操作

（1）救护者取坐位或站位，将患儿的身体俯卧在一侧的前臂上，以同侧大腿支撑前臂。同时手掌支撑患儿头部和颈部，头部位置须低于躯干。

（2）用另一手的掌根部在患儿两肩胛骨之间向前、向下叩击5次（图5-1）。

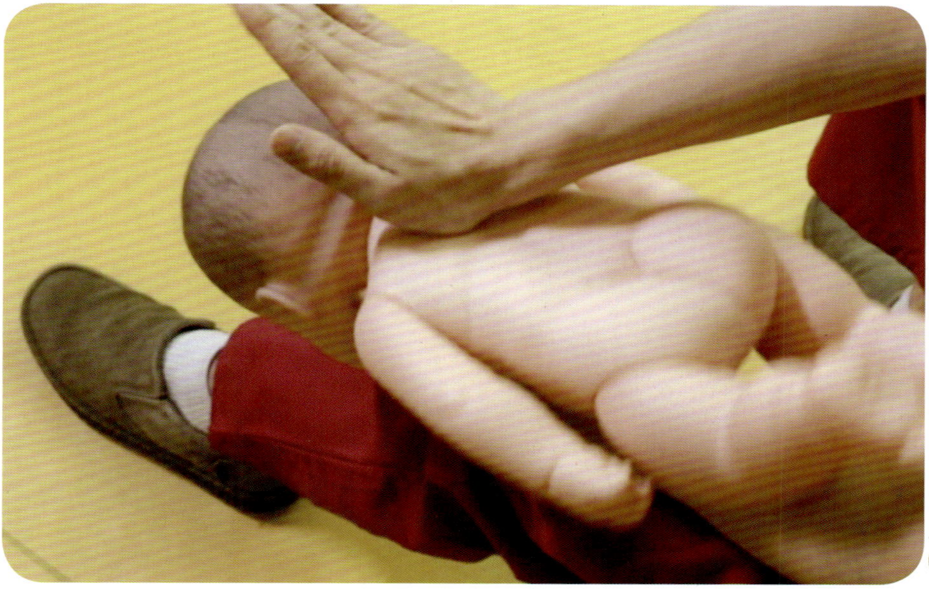

图5-1　操作步骤（2）

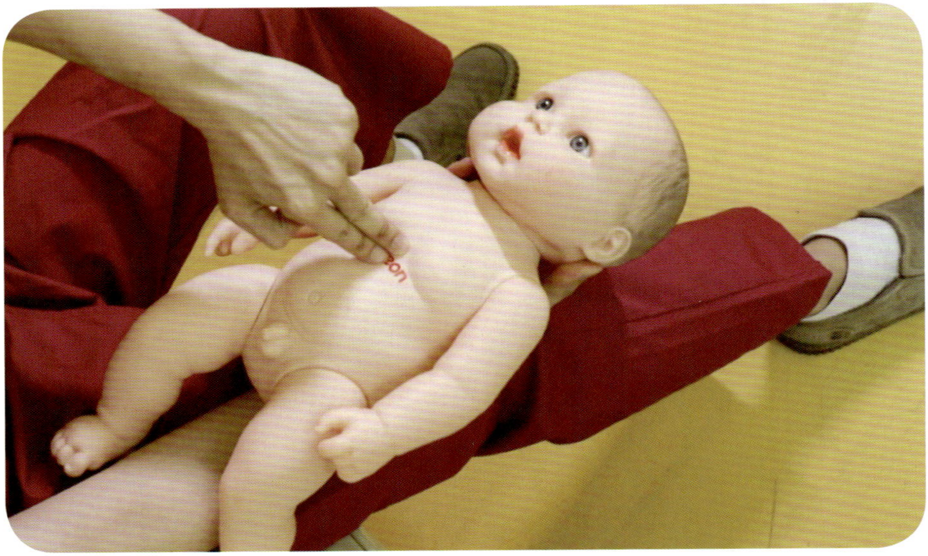

图5-2　操作步骤（4）

（3）拍背后将空闲的手放于患儿背部，手指托住其头颈部，两手一起小心地将患儿翻转过来，使患儿仰卧于另一手的前臂上，并以同侧大腿支撑，仍维持头低位。

（4）在患儿两乳头连线中点下方水平处，以二指快速按压5次，按压深度须达到4～5cm，每次按压要允许胸廓恢复（图5-2）。

（5）重复上述1至4动作直至气道异物排出或者患儿失去意识。

（6）如果患儿失去意识，将患儿小心地放置于坚固、平坦的平面，进行心肺复苏操作（这种情况下不需要确认脉搏）。如果有其他目击者在场，让他去呼叫120救助。救助者留下给患儿进行胸外按压。在给予30次按压后，以鼻吸气位（即鼻吸气闻香花时头部自然略后仰的位置）开放气道。如果此时发现患儿口腔内有异物，可以以手指取出。如果没有发现异物，尝试给予患儿2次人工通气，然后继续重复上述动作直至异物排出。当进行上述操作2分钟（大约5个循环），如果还没有第三者呼叫120救助，救助者本人呼叫120，然后继续进行心肺复苏操作。

（三）对一岁以上患儿，采取以下操作

（1）救护者站在患儿后背（根据情况可能采用蹲姿），双臂环绕患儿腰部，让患儿弯腰，头部往前下倾。

（2）救护者一手握成空心拳，拳眼放在肚脐上两横指处（图5–3、图5–4），另一手握住空心拳（图5–5、图5–6），两手同时快速向上向内冲击患儿上腹部5～10次，注意每次冲击须为独立操作。重复操作直至患儿可以咳嗽、发声，或患儿失去意识。

（3）同上第（6）点。

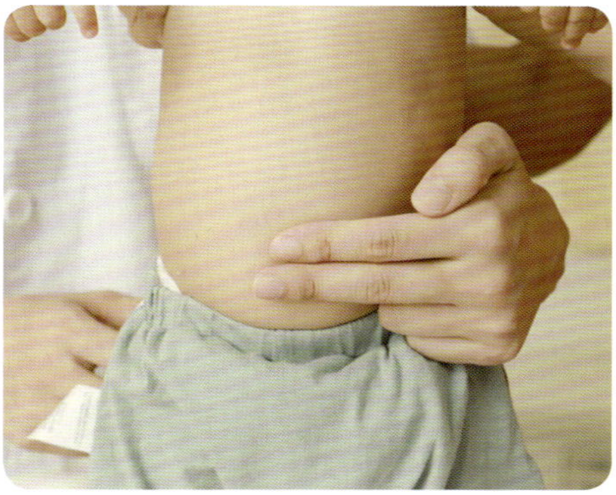

图5–3　步骤2–1

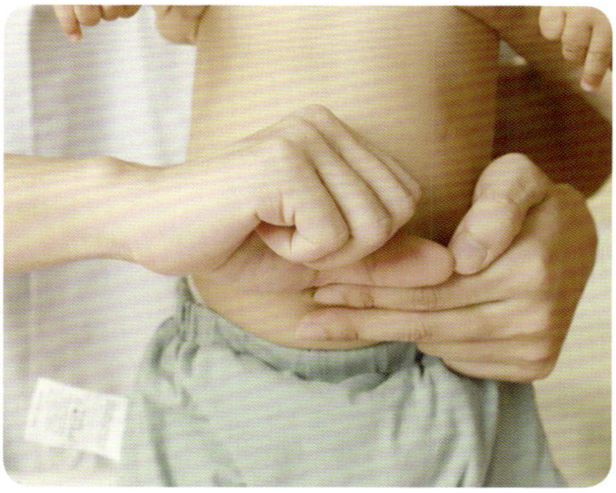

图5–4　步骤2–2

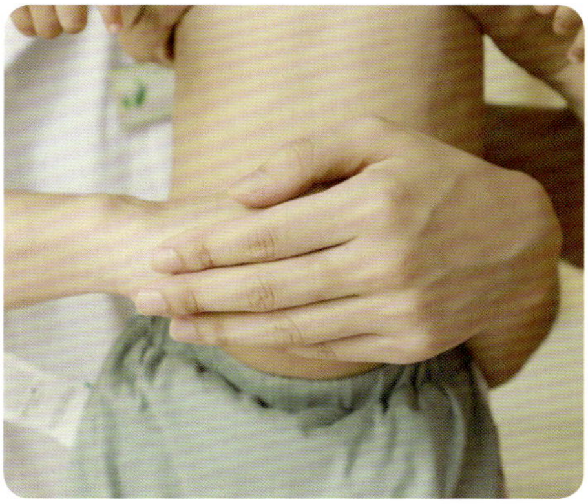

图5–5　步骤2–3

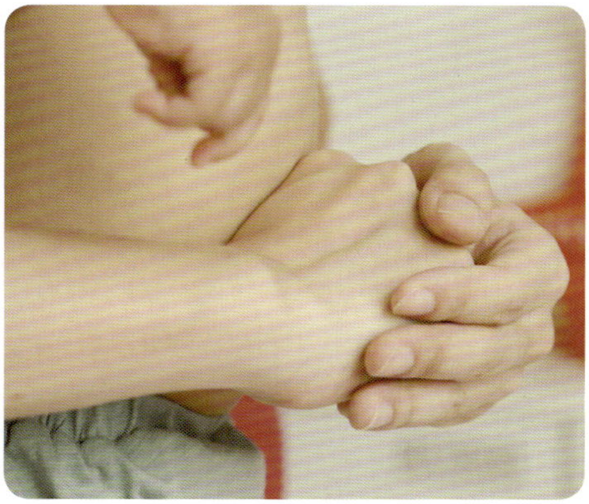

图5–6　步骤2–4

参考文献

［1］陈建军．婴幼儿护理操作指南［M］．北京：人民卫生出版社，2018.

［2］石淑华，戴耀华．儿童保健学［M］．3版．北京：人民卫生出版社，2014.

［3］崔焱．儿科护理学［M］．5版．北京：人民卫生出版社，2016.

［4］王卫平．儿科学［M］．8版．北京：人民卫生出版社，2016.

［5］中华医学会．临床技术操作规范护理分册［M］．北京：人民军医出版社，2005.

［6］马如娅．护理技术［M］．北京：人民卫生出版社，2003.

［7］王立新．母乳喂养指导手册［M］．北京：北京科学技术出版社，2012.

［8］王惠珊，曹彬．母乳喂养培训教程［M］．北京：北京大学医学出版社，2014.

［9］沈洪，刘中民．急诊与灾难医学［M］．2版．北京：人民卫生出版社，2013.

［10］万学红，卢雪峰．诊断学［M］．8版．北京：人民卫生出版社，2013.

［11］高静，元俊华，邵兰芳．婴儿游泳的方法及临床体会［J］．吉林医学，2010，31（11）：1514-1515.

［12］侯晓文，吴学香．婴儿游泳的临床应用及护理［J］．医学信息，2011，24（2）：209.

［13］陆伟娟．婴儿游泳臀先入水法［J］．护理学杂志，2011，26（21）：67.

［14］毕永霞．婴儿游泳的发展研究［J］．中国误诊学杂志，2008，8（29）：7074-7075.